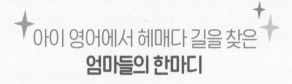

아이 영어에서 헤매다 길을 찾은
엄마들의 한마디

KB082449

복잡하고 막연했던 엄마표 영어가 한 방에 정리되었고, 나도 해볼 수 있겠다는 자신감이 생겼다.

_ch****kim***

'나도 해볼까?' 하는 마음이 들 정도로 쉬운 놀이법이 많았다. 직접 두 아들을 엄마표 영어로 키운 선배맘이라는 데 믿음이 갔다.

_*쨤

그야말로 내게는 신세계였다. 영어교육을 전공했지만 내 아이 영어는 참 막막했는데 새로운 길을 보았다.

_shi******3

세 아이를 키우고 있어서 시간이 절대적으로 부족한 내게 큰 도움이 되었다. 흔들리는 내 마음을 다시 한번 다잡을 수 있게 도와준 책이다.

_라*라*

실질적으로 도움 되는 이야기를 친근하게 알려줘서 좋았다. 마치 엄마표 영어를 하고 있는 옆집 엄마가 이런저런 이야기를 해주는 느낌이었다.

_준**이맘

엄마로서 아이에게 '독서습관'과 '영어에 대한 자신감'은 꼭 선물해주고 싶었다. 책으로 엄마표 영어를 한다는 점이 매력적이고 내게 딱 맞는 방법 같아 기뻤다.

_lo**se**04

바쁘고 영어 못하는 나를 엄마로 두어 딸에게 참 미안했는데, 이 책을 만나 참 고맙다. 가슴에 불이 붙었으니 이제 실행만 남았다.
_주*호

이 책은 엄마표 영어를 이제 시작해보려는 엄마, 실패했던 엄마, 진행 중인데 어려움을 겪는 엄마 모두에게 도움이 된다.
_봄***봄

매일 책을 읽어주면서도 아이의 아웃풋이 제대로 나오지 않는 것 같아 답답했다. 엄마인 나부터 엄마표 영어를 믿지 못했나 보다. 다시 한번 확신을 가질 수 있었다.
_h***bi**8

주변에 슬슬 학원도 많이 다니고 학습지 하는 친구들이 늘어나는 거 같아 조바심이 날 때도 있지만, 그럴 때마다 준사마 님의 글을 읽고 마음을 다잡아 앞으로도 아이와 꾸준히 엄마표 영어를 함께해야겠다.
_히*

준사마를 좋아하는 이유는 엄마 마음을 잘 이해하고, 시행착오와 고비 같은 실질적인 부분을 알려주어서다.
_캐****하루

어떤 식으로 아들들과 책을 매개로 놀아줄 수 있는지 콕 짚어 알려준 책이다.
_엘*

누구보다 아이를 잘 아는 엄마가 교육의 진리인 책으로 하는 것. 엄마표 영어의 핵심에 공감한다. 꾸준히 하면 성공이 보장된 길인데 미리 겁먹고 "난 못해"라며 시도하지 않는 주변 엄마들을 보면 안타깝다. 어쨌든 시작할 수 있게 하는 책이다.
_핸*

어느 순간 엄마가 바쁘면 '엄마표'는 불가능한 것처럼 되었다. 10분이든 5분이든 아이가 집중할 수 있는 시간은 정해져 있는데 말이다.
_현**맘

가려운 부분을 긁어주는 책이다. 다시 초심으로 돌아가 매일 아침 조금씩이라도 세이펜으로 읽어줄 생각이다.

_물**산

하루가 다르게 크는 아들을 위해서 이제 더는 늦추어서는 안 되겠다고 절실히 느꼈다. 엄마표 영어를 어떻게 시작해야 하는지 막막했던 왕초보에게 딱 맞는 책이다.

_옥**

엄마표 영어는 거창하고 어려운 게 아니라 일상에서 그냥 책으로 놀아주는 것이며, 어떤 엄마라도 해줄 수 있다는 이야기에 답답했던 가슴이 뻥 뚫렸다.

_AM***

자기주도학습과 엄마표 영어에 관심 많다. 아이들이랑 쉬운 그림책 위주로 엄마표 영어를 한 지 6개월 정도 되었다. 내가 잘하고 있는지 걱정되었는데 이 책을 읽고 토닥토닥 위로를 받은 느낌이다. 책에 나온 방법대로 우리 꼬맹이들과 더더욱 영어와 친해져 보련다.

_love*****in

아이와 엄마표 영어를 하고 있는데 왠지 어설픈 것 같아 도통 갈피를 못 잡고 있을 때 준사마를 만났다. 그리고 실패하지 않는 엄마표 영어환경을 만들 수 있었다.

_여*맘

주말 **1**시간
엄마표
영어

"이걸로도 엄마표가 안되면 학원에 보내라"

주말 1시간 엄마표 영어

이은미 지음

센시오

워킹맘도 영알못도
'주말 1시간 엄마표'로 아이 영어가 된다

두 아들을 키우며 엄마표 영어의 힘을 직접 경험했다. 혼자만 알기 아까운 마음에 책을 내고, 수많은 엄마를 만나 '엄마표 영어환경 만들기'를 강의하고 있다. 강의 현장에서 참 많은 엄마를 만났다. 아이를 위해 직장을 그만둔 엄마, 태어날 아이를 위해 과목별 홈스쿨링 준비 중이라는 엄마, 반찬를 내고 강의를 들으러 온 엄마…. 많은 엄마가 '엄마표 영어를 해보자!'라고 마음먹고도 현실적으로 무너지고 말았다는 고충에 깊이 공감할 수 있는 시간이었다.

엄마들은 항상 바쁘다. 아이와의 하루가 어떻게 가는지도 모르겠다. 아이가 아프면 병원 가는 게 먼저고 아이가 배고파하면 밥 먹이는 게 먼저다. 엄마표 영어는 어쩌면 사치인지도 모른다. 당장에 한글 그림책 읽어주기도 여의치 않은데 나중에 보게 될 영어소설까지 신경 쓰는 거? 사실 벅차다. 아니, 말이 안 된다.

'그래, 물론 매일 하면 좋지! 맞아 그렇지! 누가 아니라고 하겠어. 근데 매일 하는 게 힘든 사람은? 엄마표 영어 하지 말라는 거야? 진짜 현실적으로 하루에 10분도 힘든 엄마들은 그냥 포기해야 하는 거야? 학원 보내라는 거야?'

이것이 솔직한 심정이리라. 사실 엄마들이 맞닥뜨린 가장 큰 난관은 엄마표 영어가 좋다는 걸 알면서도 '시작' 자체를 못하겠다는 거였다. 좋으면 뭐하고 좋은 거 알면 또 뭐 하나? 손쉽게 접근할 수 있고, 직접 내 손이 닿을 수 있어야 한다.

엄마표 영어의 장점을 알리고 싶다면 무엇보다 쉬워야 한다. 엄마들에게 최종 목적지를 알려주는 일도 필요하지만, 일단 '시작'하게끔 하는 것이 더 필요하다는 생각이 들었다. 목적지를 알려주면 목표가 선명해진다는 장점은 있지만, 부담이 커진다는 단점도 있기 때문이다.

엄마표 영어의 선배맘인 내가 이것도 알고 저것도 안다고 해서 줄줄 다 퍼준다고 퍼붓는 족족 청중이 다 흡수할까? 애초에 내 자랑하려고 강의를 시작한 것도 아니지 않은가.

"엄마표 영어가 이런 점이 좋더라. 해보라. 막상 해보면 된다. 나도 했다…"라며 권유해야지, 잔뜩 퍼붓기만 하면 부담만 가중된다. "난 못해~" 하고 손사래 치거나 딴 세상 얘기 같아 한 귀로 듣고 한 귀로 흘릴 것이다.

아이를 키우면서 겨우겨우 시간을 쪼개서 강의를 들으러 왔을 텐데 먼 훗날의 성과를 이야기하고 싶지는 않았다. 엄마들은 당장 도움이 되는 이야기가 듣고 싶어서 온 것이다. 대학 강의가 아니다. 몇 개월씩 공부해서 자격증을 따러 온 것도 아니다. 지금 당장 어떤 영어책을 사주면 되는지, 어떻게 해주면 아이가 영어책을 잘 보게 되는지, 어떻게 엄마표 영어를 시작하면 되는지…, 그게 궁금한 것이다. 그냥 그거다. 실질적인 것, 당장 소화할 수 있는 내용 말이다.

바쁜 엄마도 소화할 수 있는 '주말 1시간'으로 시작하는 게 중요

강의를 할 때 엄마표 영어의 큰 흐름을 먼저 알려주고, 그중 초기 단계에 초점을 맞춰 아주 구체적인 방법을 알려준다. 엄마들은 책 주문하는 사이트와 세이펜 구매처를 메모하느라, 추천하는 그림책 표지를 촬영하느라 강의 내내 분주하다. 당장 집에 가서 집중듣기를 해줄 수 있을 정도로 확실히 방법을 알았다고 기뻐한다. "강의를 듣고 당장 해야 할 일이 뭔지 알겠다"라는 후기가 가장 많다. 기차에 탑승하는 데 성공했으니 이제 기차는 목적지까지 달릴 것이다.

이 책《주말 1시간 엄마표 영어》에 나오는 내용은 모두 현장 체험의 결과다. 엄마들이 이 책을 읽고 "난 못해~"라면서 도망치게 하고 싶지 않았다. 그렇다고 달콤한 말로 꼬드기며 이렇게만 하면 된다고 약을 팔 생각은 더더욱 없다.

엄마들은 지금 당장의 일을 신경 쓰기에도 벅차다. 몇 년 뒤의 이야기가 와닿지 않는다. 그래서 이 책에는 엄마표 영어 왕초보를 위해 초기 단계에 초점을 맞추어 어떻게 시작하면 되는지에 대한 실질적인 이야기만 담았다. 이 책은 바쁜 엄마, 워킹맘을 위한 알짜배기 실용서로 생각하면 된다.

엄마표 영어는 일단 시작하기만 하면 지금까지 한 게 아까워서라도 멈추기 힘들고, 습관이 들어서 계속하게 된다. 계속하게 되면 엄마표 영어 초기를 지나게 된다. 결국 '이다음엔 뭐해야 하지?' 하고 엄마들 스스로 생각하게 되는, 멈추기 힘든 영어교육법이다.

관성이 붙으면 시간이 갈수록 힘들지 않다. 저절로 굴러간다. 초반에만 에너지를 써주면 그다음부터는 그 에너지의 반, 또 반의 반, 반의 반…, 점점 줄어든다는 것이 엄마표 영어를 진행해본 이들의 공통된 의견이다.

그래서 이 책에서는 '3-3-3 엄마표 영어'를 제안한다. 3-3-3이란 '3달, 3번의 주말 동안 3가지 영어책(노부영, 씽씽영어, 옥스포드 리딩트리)'으로 해주는 엄마표 영어라는 뜻이다.

주말 1시간씩 3달만 딱 에너지를 짜보자! 바쁜 엄마에게 "확신을 가져라, 결심하라, 각오하라, 장기전이다…" 이렇게 말하면 엄두가 안 난다. 엄마들이 이제 막 2~3살 된 아기에게 이 세상을 살아가려면 정신 똑바로 차려야 한다고 말하지 않는 것처럼, 이 책 속에는 엄마표 영어 초기 단계에 필요한 말만 적어두었다.

좋은 거 알지만 바빠서 적용하기 힘든 것들은 모두 덜어냈다. 핵심만 뽑아낸 이 책으로 바쁜 워킹맘도, 영알못 엄마도 편하게 시작할 수 있는 주말 1시간 엄마표 영어에 도전해보길 바란다. 주말 1시간만 투자하면 아이의 영어가 편해지고 말문이 트인다.

준사마 이은미

CONTENTS

3장 첫째 달엔 영어 동요 듣는 걸로 부담 없이 시작한다

4장 둘째 달엔 아이가 좋아하는 주제로 놀면서 영어랑 친해지기

1장

엄마표 영어 좋은 건 아는데,
당장 뭐부터 하지?

바쁜 엄마도 바쁜 이유만 찾으면
시간을 만들 수 있다

이 집은 이래서 바쁘고 저 집은 저래서 바쁘고 사실 바쁘지 않은 집이 없다. 모든 부모가 바쁘다. 모든 엄마가 바쁘다. 아이가 혼자서 할 수 있는 일이 많아질 때까지 어쨌든 계속 바쁠 것이다. 엄마라는 자리에 있는 이상 그것이 당연하다. 어차피 바쁘다면 '왜 이리 바쁘냐', '왜 이리 하루가 금방 가나' 신세 한탄할 것이 아니라 바쁨 자체를 인정하자. "이렇게 바쁘게 지내는 데는 다 이유가 있어"라고 누군가에게 당당하게 말할 수 있을 정도로 바쁨의 의미를 생각해보자.

내가 살면서 가장 중요하게 생각하는 것은 무엇인지, 가치 있다 여기는 것은 무엇인지 명확하게 알고 있어야 한다. 이는 육아 방향에도 영향을 미친다. 엄마의 자리를 버티고 지키는 것만으로도 대단한 것은 맞지만 의미 있는 바쁨이 되어야 한다. 내가 이 아이의 엄마이기 때문에 다른 점, 그 무언가를 찾아야 한다. 내 아이의 엄마가 '나'이기 때문에 특별해질 수 있는 부분이 분명 있을 것이다.

⇉ 엄마의 가치관 그리고 육아 ⇇

엄마가 삶에서 가장 중요하게 생각하는 것이 무엇인지, 즉 엄마의 가치관에 따라 육아의 방향이 달라진다.

- 나는 아이들의 '신체 건강'이 가장 중요하기 때문에 먹거리를 신경 쓰느라 바쁘다.
  - 예 신체 단련에 유리한 자전거 타기, 등산 등을 목적으로 나들이
- 나는 아이들의 '독서습관'을 가장 중요하게 생각하기 때문에 책읽어주는 데 시간을 투자하느라 바쁘다.
  - 예 잠자기 전 엄마 목소리로 책 1권 읽어주기
- 나는 '가족과 함께 보내는 시간'이 가장 중요하기 때문에 가족 여행을 하려고 애쓴다.
  - 예 다이어리에 주말 가족 여행부터 표시
- 나는 시간과 체력이 딸려 웬만한 것은 대충 넘기지만 내 아이가 어른에게

인사를 안하거나 버릇없이 구는 것은 꼭 짚고 넘어간다.

⑩ 인사, 식사예절교육, 어른 공경 가르치기

• 나는 아이가 나중에 돈 때문에 힘들어하지 않도록 아이와 '경제'에 대한
주제로 대화를 많이 한다.

⑩ 용돈 교육, 은행 데리고 다니기

삶을 둥글게 사는 것은 어쩌면 쉬울지도 모른다. 아이에게 알려줘야
할 내용도 둥글게 그냥 넘기는 것은 잔소리하는 것보다 쉬울 수 있다. 목
표를 설정하지 않고 순간순간의 스트레스를 풀며 사는 것이 쉬울 수 있
다. 하지만 제대로 잘 살아보려니 힘든 것이고 힘들다는 것은 오히려 잘
살고 있다는 증거일 수 있다. 노력하지 않아도 그럭저럭 살아지면 그 삶
은 그냥 '그럭저럭'의 삶이 되는 것이다.

당신이 가장 중요하게 생각하는 것을 기준으로 잡은 상태의 바쁨이길
바란다. 하루하루 살아내기 바쁘다는 이유로 계속 기준 없이 바쁜 대로
휩쓸리며 살아가면 그 결과가 자기 자신이 되어버리고, 그 속에서 내 아
이의 삶도 그렇게 되어버린다. 방향이 맞는지 어쩐지 모른 채로 어쨌든
열심히만 가고 있는 꼴이 된다.

이럴 때는 잠시만 멈추자. 멈추는 것이 뒤처지는 것 같을 테지만 지금
당장 180도 턴해야 할지 조금만 비틀어야 할지 계속 가는 게 맞는지 점
검해보는 것이 남는 장사다. 내가 중요하게 생각하는 것 때문에 바쁜 것
인지 다만 욕구해소를 위해 바쁜 것인지 그냥 살던 대로 사느라 바쁜 것

인지 생각해야 한다. 힘든 것 안다. 그런데 조금만 영악해지자. 바쁨의 이유, 가장 애쓸 부분, 선택과 집중 등을 정립해야 한다. 무엇이 중요한지 우선순위가 정해지면 오히려 평온해질 것이다. 시간이 지나서 후회하지 말자. 의미 있게 바쁘자.

⇀ 가치관을 정했다면 그다음은? ↼

자신이 생각하는 가치관대로 우선순위를 매겨보았다면 이제 실천해야 한다. 엄마표 영어 실천방법만 말하면 되지 하루하루 먹고살기 바쁜데 뭔 배부른 소린가 싶을 것이다. 엄마표 영어를 이야기하면서 너무 뜬구름 잡는 이야기를 하는 것으로 보일지도 모르겠다. 하지만 나는 지금 동떨어진 이야기가 아니라 가장 실제적인 이야기를 하고 있다.

엄마표 영어는 아이가 주체가 되고 엄마가 환경을 만들어주는 교육방식이다. 그리고 가정 내에서 이루어지는 교육방식이다. 책 종류 몇 개 알고 집중듣기 스킬 좀 배우면 처음에는 잘되는 것 같을 것이다.

그런데 이런 방법들을 받아들이는 아이의 마음 밭이 겉에만 흙이 덮여 있던 것이고 속은 단단한 돌덩이가 들어 있던 밭이라면? 결국에는 영어실력의 문제가 아니라 부모 자식 간의 문제, 아이의 마음가짐 문제, 엄마 자신의 마음상태 문제, 부부의 교육관 가치관의 문제 등에서 턱턱 걸릴 것이다. 아무리 좋은 스킬의 씨앗을 뿌려대도 결국 깊숙이 뿌리 내리지 못한다는 뜻이다.

아이를 키울 때 정말 여러 가지 일들이 발생하고 그 속에서 엄마는 당장에 '선택'하고 '행동'해야 한다. 그 선택과 행동은 엄마의 가치관에 따라 달라진다. 바쁨의 의미를 생각해보고 무엇에 가치를 둘지 우선순위를 생각해보아야 할 이유다. 가령 자신이 가장 중요하게 생각하는 것이 '소통'이라는 결론을 얻었다고 하자. 아이와 대화하는 시간이 중요함을 알지만 쌓여 있는 설거지, 돌려야 할 세탁물이 더 눈에 들어와서 청소를 했다. 아이가 잠들고 나서 해도 되고 한 번에 몰아서 해도 되는데 더러운 걸 못참는 자기 성격 때문은 아니었는지, 아이와 대화하는 것보다 청소가 더 쉽다고 생각한 것은 아니었는지 여러 방면으로 자신의 민낯과 직면해볼 필요가 있다.

아이는 계속해서 성장하고 있고 아이의 지금 시간은 다시는 돌아오지 않을 테니 하루라도 빨리 직면할 필요가 있다. 바쁜 엄마는 나쁜 엄마가 아니지만 왜 바쁜지도 모른 채 바쁜 엄마는 나쁜 엄마일지도 모른다.

가치관을 정립했다면 이제는 진짜 행동할 때다. '나는 아이의 영어실력이 그다지 중요하지 않다. 건강만 하면 된다'는 거짓말은 하지 말자. 지금 당신은 이 책을 읽고 있지 않은가. 이제 실천으로 증명할 때다. 자신의 가치관이 뭔지 알면서 정작 행동은 다르다면 정신이 힘들어진다. 생각과 행동의 모순에서 오는 그 찝찝함과 작별해야 한다. 결국 자신이 최고로 중요하다고 생각한 그것을 실천했을 때 평온이 온다.

원리만 알면 어떤 엄마라도 '엄마표'를 시작할 수 있다

육아도 커리어도 다 잘하고 싶은 마음은 굴뚝같지만 현실적으로 벅차다는 것 알고 있다. 그걸 알면서 이렇게 해라 저렇게 해라 할 수 없는 노릇이다. 솔직히 돈 버는 것만으로도 대단한 거다. 똑같이 힘들다 해도 내가 낳은 아이 얼굴 보면서 힘든 거랑 직장상사 얼굴 보면서 힘든 거는 엄연히 다르다.

시대가 바뀌어 여자들이 더 돈을 많이 번다더라 육아휴직제도도 발전되었다더라 보육시설도 좋아졌다더라 해도 대체불가인 영역이 있다. 아빠도 육아하고 가사도우미를 쓴다 해도 '엄마'라는 역할을 대체하기란 힘들다.

결국에는 엄마만이 해줄 수 있는 부분을 해야 하는 것이다. 가정은 기업이 아니다. 분업한다고 다 되는 것이 아니다. 다른 걸 다 떠나서 돈 벌러 나갈 때의 아빠 마음과 엄마 마음에는 인정하지 않을 수 없는 차이가 존재한다.

그러니 워킹맘이 바쁜 것은 당연한 거지 나쁜 게 아니다. 아이 교육에 대한 높은 관심 또한 나쁜 게 아니다. '나도 엄마표 영어 해주고 싶다'는 마음과 막상 실제 현실로 구현해내자니 엄두가 안 나는 상황이 안타까울 뿐이다.

이런 워킹맘들에게 세 가지 희소식을 전하고 싶다. 워킹맘도 엄마표 영어를 해줄 수 있다. 여기저기 블로그나 육아서에서 본 수많은 엄마표 영어 성공 사례는 딴 세상 이야기라며 포기할 필요 없다. 애써 위로하려고 하는 말이 아니다. 매우 논리적인 이유 세 가지가 있다.

─; 엄마가 옆에서 계속 지켜봐야 하는 시기는 금방 끝난다 ;─

두 아들을 엄마표로 키웠고 학부모 동아리 대표로 엄마들을 코칭해온 사람으로서 확실히 말할 수 있다. 초반에만 애써주면 된다. 그 에너지를 계~속 써주는 것이 아니다. 아이 스스로 할 수 있는 습관이 잡힐 때까지만 하면 된다.

평일에는 CD 틀어주기 정도만 해주고 주말에만 바짝 1시간 집중해준다고 생각하자. 나중에는 크게 애쓰지 않아도 주말 1시간이 굴러갈 때가 올 것이고 더 나중에는 시간에 구애받지 않고 일상이 엄마표 영어로 굴러갈 때가 올 것이다.

현재 내가 첫째아이의 영어에 신경 써주는 정도를 생각해보면, 초반기에 100의 에너지였다면 지금은 10의 에너지도 안 드는 듯하다. 초반기 에너지 100도 영어실력 향상에 쏟았다기보다 'TV중독자 아들 구출작전!', '책읽기 습관들이기!'를 함께 해주는 데 에너지가 필요했다. 그때는 지금보다 요령이나 경험도 없어서 그랬지 지금 다시 하라고 하면 100까진 안 써도 될 법하다.

둘째아이에게는 첫째아이보다 에너지를 덜 들여도 엄마표 영어가 잘 진행되었다. 형 옆에서 보고 들은 게 있어서 초반에 드는 에너지가 첫째보다 덜 들었다. 서당개 3년이면 풍월을 읊는다는 속담이 딱 맞다.

현재 워킹맘이기 때문에 써줄 수 있는 에너지에 한계가 있다는 이유도 있지만 영어환경 만들기 요령이 생긴 것도 그 이유일 것이다. 어쩔 수 없는 것은 과감히 포기하고, 꼭 해줘야 하는 것은 집중해서 해주면서 엄마표 영어를 진행하고 있다. 초반에만 평소보다 에너지를 좀 써주면 되므로 바쁜 워킹맘도 가능하다.

⇥ 아이들의 집중력에는 한계가 있다 ⇤

워킹맘에 비해 전업맘이 아이와 함께하는 시간이 많은 것은 사실이다. 하지만 영어를 받아들여야 하는 당사자는 결국 아이다. 워킹맘의 아이든 전업맘의 아이든 영어책과 영어소리를 소화하고 받아들일 수 있는 시간과 분량은 분명 똑같이 한계가 있다.

모든 사람의 육체와 마음이 모두 그렇다. 받아들일 수 있는 영역과 한계가 있다. 인풋(input; 영어 습득)에 한계가 없다면 모든 아이가 미칠 수도 있다. 아무리 파워풀한 전업맘이라 해도 아이 한 명이 소화할 수 있는 콘텐츠는 한계가 있어서 엄마표 영어를 멈춰야 하는 순간이 있다. 워킹맘이기 때문에 시간이 부족하다는 말은 엄밀히 따지면 엄마들의 여유시간 차이이지 아이들의 영어환경 노출시간 차이는 생각보다 크지 않다.

그런 점에서 나는 아이가 어릴 때부터 엄마표 영어를 하는 것에 찬성한다. 하루에 받아들이는 양의 한계가 있기 때문에 어릴 때부터 그 양을 조금씩 채운 아이가 상대적으로 유리할 수밖에 없다. 늦게 시작했다면 따라 잡는다고 무리하게 인풋하기보다 이해 가능한 범위에서 차근차근 쌓아가는 것이 좋다.

⇀ 지속의 힘은 전업맘보다 워킹맘이 더 강하다 ↽

엄마표 영어를 하면 좋다는 것을 안다. 엄마표 영어를 해주자며 큰맘먹고 영어책도 주문했지만 유지가 안 되는 경우가 많다. 엄마표 영어를 매일 해주면 당연히 좋겠지만 그보다 더 중요한 것은 '지속 여부'다.

지속의 힘은 전업맘보다 워킹맘이 더 강하다. 워킹맘에게는 물러날 곳이 없기 때문이다. 주말에 못 해주면 평일에 채워주기 더 힘들다. 그에 비해 전업맘은 스스로 타협할 부분이 많다.

월요일에 못 해줬으면 화요일에 해주면 되고, 화요일에 못 해줬으면 수요일에 해주면 된다는 식으로 안일해질 확률이 높다. 무엇보다 매일 똑같은 시간에 출근하고 퇴근하는 라이프 스타일을 견디고 있다면 그것만으로도 루틴을 지켜나갈 힘이 있다는 증명이 된다.

나는 그때로 돌아가 다시 하라고 해도 엄마표 영어만큼은 꼭 해줄 것이다. 첫째아이는 초등학교 3학년 때부터 영어소설을 읽었고 중학생인 현재는 막힘없이 영어책을 읽는다. 그 모습을 보면서 어떤 엄마가 불안하겠는가. 영어에 시간 투자, 돈 투자, 정신 투자(신경 쓰기)를 안 해도 되기 때문에 여유가 생겼다. 이런 이야기를 하는 건 자랑하려는 게 아니라 진짜 그런 날이 온다는 것을 말해주고 싶어서다. 크게 애쓰지 않아도 되는 날이 분명 온다. 주말 1시간 엄마표 영어를 시작해보자.

영어 못하는 엄마도 '엄마표'가 된다!
실력보다 마음이 문제

나는 영어를 못한다. 외대를 나왔다고 하면 사람들은 내가 다 영어를 잘하는 줄 아는데 진짜 아니다. 엄마표 영어 육아서를 내고 엄마들에게 엄마표 영어에 대해 알려주는 강사라고 말하면 사람들은 내가 영어로 강의하는 줄 안다.

영어를 못한다는 걸 증명해야 하는 상황이 참 우스운데, "에이~, 그래도 기본이 있으니 엄마표 영어로 아이를 키우고 엄마표 영어 육아서도 냈지~"라는 말을 많이 듣다 보니 강의 때마다 해명 아닌 해명으로 시작하곤 한다.

『The very hungry caterpilar』 제목을 보고 바로 'caterpilar'를 제

대로 읽거나 '애벌레'라는 이미지가 떠오른다면 내 기준에서 당신은 영어를 잘하는 사람에 속한다. 나는 이 단어를 아이에게 책을 읽어주다가 처음 봤다.

→ 영어실력이 아니라 마음이 문제다 ←

나처럼 영어를 못하는 엄마도 엄마표 영어를 해줄 수 있다. 심지어 나는 영어를 싫어한다. 그런데 아이들은 나보다 영어를 잘한다. 둘이 놀 때 영어로 대화하기도 한다.

내 목소리로 읽어주고 영어로 소통해보려는 노력을 해보지 않은 것은 아니다. 아이 영어 그림책에 딸려 있는 CD를 하루 전날 미리 듣고 공부해서 아이에게 읽어준 적도 있고, 생활회화 예시문을 집 안 곳곳에 붙여놓고 대화를 시도해본 적도 있고, 포스트잇에 "What's this?"와 같은 질문을 적어서 영어책 귀퉁이에 붙여놓고 질문해본 적도 있다. 그렇게 해봤는데도 안되는 이유가 있었다. 내 습득 속도 때문에 아이 습득 속도까지 늦어지는 것이었다.

영어회화가 되는 엄마라면 자연스럽게 해주는 것이 안 해주는 것보다 좋다. 그런데 할 수 없다면 무리하진 말았으면 좋겠다. 그리고 그렇게 해줄 수 없다는 게 엄마표 영어를 해줄 수 없는 이유일 순 없다는 것도 알았으면 좋겠다.

영어가 필수인 시대이다 보니 영어를 못하는 것이 왠지 부끄러운 일이 되어버렸다. 젊었을 때 공부를 안 한 탓 같기도 하고 특히 내 아이 앞에서 영어 못하는 모습을 보여주기도 싫을 것이다. 내 영어발음 닮아서 내 아이도 영어를 못할까봐 걱정이 되어 전문가한테 맡기고 싶어질 것이다.

그런데 조금만 더 생각해보면 엄마가 영어를 잘하느냐 못하느냐의 '실력' 문제이기보단 엄마의 모습을 있는 그대로 아이에게 보여줄 수 있느냐 없느냐의 '마음' 문제란 걸 알게 된다. 엄마가 이런 마음가짐이면 좋겠다.

"엄마는 한국사람이라서 한국말을 잘하잖아. 엄마는 미국사람이 아니라 영어를 못하는 게 당연한 거야. 엄마도 영어책을 잘 못 읽고 너도 잘 못 읽으니까 같이 배우면 되지~!"

영알못(영어를 잘 알지 못하는) 엄마는 나쁜 엄마가 아니다. 하지만 영알못이라며 자기합리화하며 손 놓고 있는 엄마는 나쁜 엄마일지도 모른다.

영어책 사는 게 힘든 시대도 아니고 오디오, 영어CD, 세이펜과 같은 물품을 사기 힘든 시대도 아니다. 유튜브를 볼 수 있는 휴대폰이 없는 집도 없다. 엄마표 영어 육아서와 같은 부모교육서나 부모교육 강의가 없는 시대도 아니다. 모든 하드웨어와 소프트웨어의 접근성이 좋은 시대다. 환경 핑계를 댈 수 없는 시대에 영알못이라며 엄마표 영어에 손 놓은 엄마는 나쁜 엄마가 아닐까.

→ 선생님 말고 경영자의 마음으로 ←

죠스떡볶이와 바르다 김선생의 나상균 대표는 떡볶이를 누구보다 맛있게 만들고 김밥을 누구보다 맛있게 쌀까? 마포갈매기와 연안식당의 이범택 대표는 고기를 맛있게 굽고 꼬막무침을 잘 무칠까? 그들은 직접 음식을 만들지 않는다. 매장이 어디에 입점하는 것이 좋은지 자리를 선정하고, 홍보아이디어 회의를 하며, 점포와 점주들을 관리할 수 있는 방법을 고안한다.

엄마표 영어도 이와 다르지 않다. 엄마는 대표가 되어 경영해야 하고 아이는 가맹점주가 되어 직접 뛰어야 한다. 아이가 영어를 하는 것이지 엄마가 하는 것이 아닌데도 많은 엄마가 '엄마표'라는 단어 때문에 선생님이 되어 가르치려 한다.

엄마는 영어환경을 만들어주는 사람이지 영어책을 읽고 영어 CD를 듣고 세이펜을 만지고 활용해야 할 사람이 아니다. 아이가 직접 자신의 영어를 운영할 수 있도록 위임해야 한다. 아이이기 때문에 한번에 위임하는 것은 힘들다. 조금씩 아이가 스스로 할 수 있는 것을 늘려주어야 한다.

엄마는 단지 도움이 필요할 때 나타나야 한다. 엄마가 얼마나 많이 위임하느냐에 따라 아이가 할 수 있는 건 많아진다. 엄마가 다 해주면 초반에는 뭔가 해준 거 같아 뿌듯할지 모르지만 길게 보면 자기무덤을 손수파는 격이다.

아이가 컸는데도 반찬을 올려주는 엄마는 없다. 아이가 컸는데도 이를 닦아주고 똥꼬를 닦아주는 엄마는 없다. 신발끈 묶는 법부터 옷 단추를 잠그는 것까지 하나하나 배워나가고 나중엔 아이 혼자 하게 되듯이 엄마표 영어도 아이가 혼자서 할 수 있도록 방법을 알려주는 것이 맞다. 책을 구매해주고 세이펜에 음원을 넣어주는 등 엄마는 영어환경만 만들어주는 경영자가 되는 것이 맞다. 엄마가 선생님이 될 필요가 없기 때문에 영어를 못해도 얼마든지 엄마표 영어가 가능한 것이다.

뒤에서 자세히 다루겠지만 영알못 맘에게 가장 추천하는 방법 중 하나는 기기(CD, 세이펜 등)를 활용해서 영어책을 읽어주는 것이다. 책 속 문장에 세이펜을 갖다 대면 세이펜이 읽어준다. 그것도 원어민발음으로! 엄마는 그걸 똑같이 따라 말해준다. 그러면 엄마가 읽어준 게 된다. 세이펜으로 가이드받은 것뿐 진짜 읽어준 건 엄마라고 치자 이거다. 아이는 '어? 엄마가 따라 말하네? 나도 따라 말해야 되나?' 하고 생각하게 된다. 아이들은 모방을 좋아한다.

만약 아이 앞에서 입도 뻥긋 벌리기 힘들다면 그냥 세이펜으로 찍어만 주자. 아이가 들을 수 있게. 그리고 책을 한 장 넘겨주고 또 찍어만 주자. 아이가 영어책을 보면서 영어소리를 들을 수 있게. 소리는 세이펜에서 나오지만 영어책을 읽어주는 건 엄마라고 생각하면서 같이 책을 보자. 내가 한 방법이 그거다.

워킹맘도 영알못도
엄마표 영어가 가능한 진짜 이유

엄마표 영어의 전체 흐름은 크게 초기, 중기, 후기로 3등분할 수 있다. 그리고 각각을 반으로 더 쪼개서 총 여섯 단계로 볼 수 있다. 다음은 이를 도표로 정리한 것이다.

갑자기 부담감이 몰려올지도 모르겠다. 이제 엄마표 영어를 시작하려는 엄마는 초기에 집중하면 된다. 이 책은 초기에 초점을 맞추어 당장 실천할 수 있는 방법을 소개하고 있으니 걱정하지 않아도 된다.

엄마표 영어는 한번 기차에 올라타면 최종 목적지까지 아이 스스로 가게 되어 있다. 다만 여기서는 큰 흐름을 살짝 보고 넘어가자. 큰그림을 본다는 마음으로 가볍게 읽고 넘어갈 바란다.

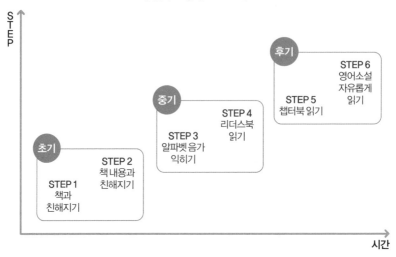

| 엄마표 영어 6 STEP |

STEP

후기

STEP 6
영어소설
자유롭게
STEP 5   읽기
챕터북 읽기

중기

STEP 4
리더스북
STEP 3   읽기
알파벳 음가
익히기

초기

STEP 2
책 내용과
친해지기
STEP 1
책과
친해지기

시간

　엄마표 영어 전체 흐름 도표를 보고 뭔가 눈치챘는지도 모르겠다. '한
글책 성장과정과 같잖아?!'라는 생각이 들지 않았나? 엄마표 영어의 큰
흐름은 한글책 성장과정과 똑같다. 아이들에게 어렸을 때 전래동화, 명
작동화 읽어주었을 것이다. 아이가 한글 떼기 전이라고 한글책을 안 보
여주었나? 아닐 것이다.

　영어책도 마찬가지다. 그냥 영어 그림책을 읽어주는 거다. 다만 한글
책이 아니니까 '영어로' 읽어주는 것뿐이다. 영어로 읽어주어야 한다는
점이 해결되어야 할 텐데, 이 책에는 영어 못하는 엄마가 영어책을 읽어
주는 방법이 실려 있으니 문제없다.

　어쨌든 처음에 '블루 래빗' 같은 전집을 보면 소리 나는 책도 있고 스
티커북도 있고 목욕탕에서 보는 책도 있다. 영어도 그런 책을 일단 갖고

놀게 해주고 그다음에 CD와 함께 책을 접할 수 있게 해주면 된다. 보통 아이가 학교에 갈 때쯤 한글 떼기를 해준다. 그것처럼 영어책으로 영어 떼기를 해주면 떼는 날이 온다.

한글을 떼고 더듬더듬 책을 읽다가 얇은 책에서 두꺼운 책으로 넘어가지 않은가? 아이가 한글을 뗐다고 해서 『토지』, 『삼국지』 같은 장편을 술술 읽을 수 있을까?

영어도 마찬가지다. 한글책도 글밥을 늘려주었듯이 영어책도 글밥을 늘려주어야 한다. 영어소설보다 글밥이 적은 챕터북부터 읽고 점차 영어소설로 넘어가는 것이다. 엄마표 영어 6 STEP은 한글책 성장과정과 똑같다는 것만 기억하자.

한글 떼기가 한국 엄마들의 고민인 것처럼 영어 떼기는 미국 엄마들의 고민이다. 아이가 혼자서 모국어로 책을 읽는다는 것은 전 세계 모든 엄마의 고민인 거다. 나아가 책을 좋아하는 아이로 키우는 것 또한 모든 엄마의 바람일 것이다. 이 정도까지만 알아두고 이제부터 엄마표 영어 초기 단계에 대한 이야기를 시작하겠다.

주말 1시간, 수업에만 집중하면

2장

주말 1시간, 석 달이면
영어 말문 트기에 충분하다

어떻게 하면 아이가
영어책과 친해질 수 있을까?

첫째아이는 처음부터 책을 잘 보던 아이가 아니었다. 책보다는 영상을 봤는데, TV 중독이 의심될 만큼 매우 심각한 상태였다. 게다가 아이는 낯선 것을 무서워했다. 처음 신발을 신었을 때도 울었고, 처음 바닷가의 모래사장을 밟았을 때도 울었다. 궁여지책으로 책과 친해지라고 14개월경에 처음 사준 전집을 바닥에 펼쳐뒀는데 폴짝폴짝 피해 다녔다. 영어고 뭐고 독서습관이고 뭐고 일단 책을 낯설어하지 않는 물건으로 만드는 게 급선무였다.

⇥ 책과 친해지기 ⇤

'어떻게 하면 아이가 영어책과 친해질 수 있을까?' 오랜 고민 끝에 '친숙한 물건과 함께 노출'시키기로 했다. 육아서에 보면 아이를 유심히 관찰해 관심사를 주제로 한 책을 사주라고 적혀 있는데 그 이유를 알 것 같았다. 그래야 아이가 낯설어하지 않기 때문이다.

첫째아이가 많이 열고 닫던 냉장고와 싱크대 서랍에 책들을 넣어두었다. 그리고 공놀이를 좋아했기 때문에 공놀이할 때 괜히 책을 갖고 와서 책 위에 공을 올려놓았다. 아이가 공을 만지다가 책도 만질 수밖에 없게 했다.

자동차 핸들을 좋아해서 글밥과 상관없이(이때는 읽어줄 생각조차 못했다) 핸들 그림이 있는 영어책을 사주었다. 길게 펼칠 수 있는 책을 사서 바닥에 펼치고 "이게 자동차 도로니까 달려볼까?" 하며 집에서 타던 자동차를 책 위에 올려주었다. 토마스 기차 장난감을 좋아하니까 책을 세워서 터널도 만들어주고, 쌀놀이를 좋아하니까 큰 목욕통에 쌀을 붓고 그 안에 책도 같이 넣어주었다. 쌀을 만지려다 보니 책도 만질 수밖에 없었다. 책으로 아이의 두 다리를 가렸다가 나타나게 했다가 하는 까꿍놀이도 했다.

엄마들은 '책은 그냥 펼치고 보는 물건'이라고만 생각한다. 나도 첫째 아이가 책을 낯설어하지 않았다면 그 생각을 깨지 못했을지도 모른다. 아이 입장에서 책은 참 재미없는 물건이다. 네모에 각이 져 있고, 차갑고, 딱딱하기까지 하다. 게다가 한장 한장 넘겨야 하는 귀찮은 물건이다. 그런 물건을 처음부터 좋아할 거라고 생각하는 게 오히려 이상한 것이 아닌가?

그래서 나는 책이 아이 피부에 계속 닿게 해주었다. 사람도 스킨십 정도에 따라 친밀도가 달라지지 않던가. 얼마 지나지 않아 전집 박스가 와도 책을 피해서 숨지 않았고 책 박스가 버스라며 안에 들어가 책을 오른쪽 왼쪽으로 돌리고 스스로 운전놀이도 했다.

영어책도 책이다. 책이랑 친하지 않고 책이란 자체에 흥미가 없다면 아이 스스로 안 보는 게 당연한 거지 하나도 이상할 게 없다. 영어책을 한글책으로 바꿔 생각해보자.

아이가 한글을 모른다고 해서 한글책을 안 사줬나? 아이가 한글책을 펼쳐서 보지 않았다고 해서 한글책을 안 사줬나? 한글책을 사주면서 아이가 처음부터 얌전히 앉아서 잘 볼 것이라고 기대했는가?

영어책도 같은 마음으로 접근해보자. 파닉스를 안 했어도 영어책을 사줄 수 있다. 영어책을 보지 않는다고 해서 영어책을 사주지 않을 게 아니라 책 징검다리, 책터널 등 영어책이라는 물건을 갖고 놀 수 있게 해주면 된다.

영어책을 볼 당사자는 집중력이 짧은 아이다. 한글책도 처음부터 얌전히 앉아서 보지 않았는데 영어책은 생판 모르는 소리이니 더하면 더했지 덜하진 않을 거다. 아이가 펼치고 바로 닫던, 찢던, 밟던, 만지고 갖고 놀 수 있게 해주자. 촉감북, 토이북, 사운드북, 헝겊책, 팝업북, 목욕책

등 책 자체가 재미있다면 효과가 배가 된다. 아이 손이 닿는 곳에 책이 있어야 한다.

아이가 한글책을 안 보면 '애는 한글을 안 좋아해', '책을 안 좋아해'라고 생각했나? 그런데 왜 영어책을 안 보면 '영어'를 싫어한다고 생각하는 것인가. 그냥 아이는 책 자체가 싫은 걸 수도 있고 낯선 걸 수도 있으니 엄마가 괜히 넘겨짚지 않도록 하자. 아이가 한글책을 스스로 안 보면 엄마가 꺼내서 읽어주고 그랬던 것처럼, 영어책도 그렇게 해주면 된다. 엄마가 읽어줄 능력이 안 되면 CD의 도움을 받아서 책장만 넘겨줘도 된다.

⇥ 책 내용과 친해지기 ⇤

슬슬 이런 생각이 들 것이다. '그런데 언제까지 책을 갖고만 놀아야 하지?', '이제는 책 내용을 봐야 하지 않을까?', '괜히 읽어줄 테니 앉아보라고 폼잡다가 겨우 만든 책 자체에 흥미까지 떨어지면 어떡하지?'

고심 끝에 '책과 친숙하게 해주려고 책 자체를 갖고 놀았듯이, 책 내용과 친해지려면 책 내용으로 놀면 되잖아!'라는 결론을 냈다. 이렇게 해서 시작한 것이 책 내용으로 놀기, 즉 독후활동이었다.

무엇보다 중요한 것은 독후활동이 '재미'있어야 한다는 것이다. 재미없으면 더 이상 놀이로 받아들이지 않기 때문이다. 책 내용으로 재밌게 놀아주면 영어책 읽기는 공부로 느껴지지 않을 거란 확신이 있었다.

동기부여란 어떠한 행동을 하도록 원인을 제공해주는 것을 말한다. "밥 먹어~"라고 얘기해야 먹는 것은 시켜서 먹는 것이다. 고기 볶는 냄새를 풍겨서 아이가 먹고 싶은 마음이 들도록 하는 것은 동기부여가 되어서 먹는 것이다. 아이가 어떠한 행동을 할 수 있도록 하는 것은 단순한 문제가 아니지만, 다행인 것은 아이는 그저 '아이'라는 사실이다.

엄마들이 엄마표 영어를 시작하는 가장 큰 이유는 '아이가 영어를 싫어하지 않고 재미있어했으면 좋겠다'는 마음이다. 본인 학창시절 때처럼 단어 외우고 품사 외워가면서 했던 방식으로 아이에게 영어공부를 시키기 싫다는 것이다. 바로 여기에 해결의 key가 들어 있다. 아이들이 가장 좋아하고 재미있어하는 것은 놀이다.

거미가 나오는 영어책을 보면 공 테이프를 풀어서 거미줄을 만들고 요쿠르트병에 글루건으로 거미 눈동자를 붙여주면서 "Itsy bitsy spider~" 하고 노래 부르며 놀았고, 애벌레가 나오는 영어책을 보면 '폼폼이'라고 부르는 미술 재료를 사서 애벌레를 만들어주면서 놀았다. 나중에는 요령이 생겨서 쿠킹포일, 크레파스, 삶은 달걀 등 집에서 쉽게 구할 수 있는 물건으로 놀아줄 수 있었다.

영어책으로 공부를 했다기보다 놀았다는 표현이 더 맞다. 한마디로 정말 아이랑 놀았다. 어차피 아이랑 놀아야 하는데 영어책 내용으로 논 것뿐이다. 책 내용이랑 친해지라고 말이다. 3장에 초간단 영어책놀이 방법을 적어두었으니 참고하기를 바란다.

주말 1시간 영어놀이가
기다려지도록 하려면

아이와 영어책놀이를 해주면 좋은 것은 알겠는데 막상 해주려니 처음엔 엄두가 나지 않을 것이다. 나도 선배맘들의 블로그를 구경하며 입이 떡 벌어졌던 기억이 난다. 특히 손재주 좋은 엄마들이 펠트지를 이용해서 만든 것들은 어린이집 환경판 못지않게 완성도가 있었다.

　손이 빠르고 해줄 여력이 되면 만들어도 되지만 추천하진 않는다. 자칫 만드는 데 에너지를 다 써버려 아이랑 재밌게 놀 힘이 남아나지 않을지도 모른다.

　많은 엄마가 아이랑 뭔가를 만들고 놀고 하는 것을 어렵게 생각한다. 나도 그랬다. 워킹맘들은 더할 것이다. 이는 엄마가 주체가 되어 뭔가를 이끌어야 한다는 생각 때문에 생긴다. 뭔가를 가르치고 알려줘야 한다는 생각이 들면 더욱 그렇다. 여기서 잊지 말아야 할 점은 지금 우리는 아이와 어차피 놀 거 영어책 내용으로 '놀겠다'는 것이지 뭔가 '학습시키겠다'라는 게 아니라는 점이다.

⇉ 나들이 장소와 관련된 책 보여주기 ⇇

그런데도 어떻게 놀아야 할지 막막한 엄마들에게 추천하는 방법이 있다. 바로 나들이 다녀와서 영어책 보기다. 아쿠아리움, 동물원, 자동차박물관, 놀이터 등 주말에 다녀온 나들이 장소와 관련된 책을 보여주면 된다.

반드시 '독후'일 필요는 없다. 책을 보기 전에 뭔가를 하고 나서 책을 봐도 되는 것이다. 아예 뭔가를 하는 도중에 책을 봐도 된다. 실제로 나는 아이들과 동물원에 갈 때 동물이 나오는 영어책이나 자연관찰 책 몇 권을 들고 갔다. 코끼리, 원숭이와 같이 동물원에 가면 반드시 보게 되는 동물이 있는데 그 동물이 나오는 책을 들고 가면 현장에서 바로 책을 볼 수 있어서 좋다.

엄마들은 어차피 아이와 매일 놀아줘야 한다. 주말에도 놀아줘야 한다. 하다못해 놀이터나 공원, 할머니댁에라도 다녀와야 한다. 한두 번이야 방콕이 가능하겠지만, 결국 아이와 어떻게든 시간을 보내야만 한다. 어차피 나들이 다녀왔으니 놀고 온 곳(혹은 놀러갈 곳)과 관련된 책을 보

- **놀이터, 키즈카페**

  playground, seesaw, swing, slide, sandplay, junglegym, chin-up bar, ball pool, bounce, playing house

- **마트**

  escalator, cart, counter, apple, watermelon, pear, strawberry, peach, grapes, carrot, potato, sweet potato, mushroom, eggplant, broccoli, onion, cabbage, spinach, cucumber, pepper, egg, toy, shampoo, soap

- **수영장**

  pool, swim, wave, tube, swimming cap, swimming goggles, paddling

- **눈썰매장**

  sled, sled park, snow, snowman, lift, ski resort

여주자.

집에서 책을 한 권 한 권 펼쳐서 관련된 독후활동 아이디어를 생각해도 좋지만, '나들이'라는 일상에서 벌어진 일과 관련된 책을 보여주라는 것이다. 그러면 무슨 일이 일어날까? 아이에게 영어책에 나오는 내용이 하나도 낯설지 않은 게 된다.

아쿠아리움에 다녀온 날 어떤 책을 보여주면 좋을까?

HOW TO 영어책 온라인 서점에 접속해 관련 단어를 검색해 책을 구매한다.

KEY WORD sea, fish, shark, whale, dolphin, turtle, starfish, jellyfish, seal, octopus, squid, seahorse, shrimp, crab, penguin

웬디북(www.wendybook.com)에서 'shark'로 검색하니 134권의 책이 검색된다. 연령별로 검색해보니 4~6세용 책이 40권, 7~9세용 책이 46권, 10~11세용이 23권이 나온다. 분야별로 검색해보니 그림책이 25권, 리더스북이 23권, 챕터북이 14권이다. 소재/판형별로 검색해보니 페이퍼백이 49권, 하드커버가 21권이다. 'fish'로 검색해보니 395권의 책이 검색된다. 본문이 어떻게 생겼는지, 몇 페이지짜리인지, 글밥은 얼마나 되는지 자세히 나와 있다.

함께 읽으면 좋은 책

**The Big
Book of the Blue**
(Yuval Zommer)

**Octopus
Socktopus**
(Nick Sharratt)

**One Fish Two Fish
Red Fish BLUE FISH**
(Dr. Seuss)

동물원에 다녀온 날 어떤 책을 보여주면 좋을까?

HOW TO 영어책 온라인 서점에 접속해 관련 단어를 검색해 책을 구매한다.

KEY WORD animal, zoo, bear, cat, bunny, rabbit, bee, lion, tiger, crocodile, elephant, giraffe, zebra, monkey, horse, fox, camel, cheetah, cow, deer, hippopotamus, sheep, lamb, pig, snake

단어로 검색 후 구매해도 되고, 웬디북 사이트 내의 '주제별' 카테고리 중 '동물'에 들어가면 1,700여 권의 책이 있으니 그중에서 찾아도 좋다. 아이가 평소에 좋아하는 동물이나 동물원에 갔을 때 아이가 좋아했던 동물을 검색해서 해당하는 책을 사주자.

함께 읽으면 좋은 책

Animal Pants
(Nick Sharratt,Giles Andreae)

Good Night, Gorilla
(Peggy Rathmann)

Zoo
(Anthony Browne)

자동차박물관에 다녀온 날 어떤 책을 보여주면 좋을까?

HOW TO 영어책 온라인 서점에 접속해 관련 단어를 검색해 책을 구매한다.

KEY WORD transportation, vehicle, thing that go, bulldozer, carriage, cement mixer, crane, caravan, dump truck, forklift, scooter, skateboard, subway, tractor, train, truck, ambulance, fire engine, police car, bicycle, bus, school bus, taxi, airplane, helicopter, hot air ballon, motorcycles, boat, ship, yatch, van, rocket

탈것과 관련된 단어는 굉장히 많다. sink, fly, go, fast와 같이 동작이나 상태를 표현하는 단어를 넣어 검색해도 된다. 솔직해지자. 책이 너무 많아서, 빨리 주문하지 않아서 문제이지 '어떤 책을 사줘야할지 몰라서' 문제가 될 일은 없다.

함께 읽으면 좋은 책

Dump Truck's Colors
(Sherri Duskey Rinker)

The Big Bigger Biggest Book
(Harriet Ziefert)

Subway
(Karen Katz, Anastasia Suen)

영어책 내용에 친숙해지도록 해줘야 하는데 독후활동도 못 해주겠고 나들이도 가지 못했다면 어떻게 해야 할까? 토마토 먹으면서 토마토 나오는 책 보면 되고, 변기 나오는 책 보고 나서 화장실 변기물 한 번 내리면 된다.

영어책과 친해지게, 영어책이 낯설지 않게 해주는 게 목적이다. 영어책이 나랑 상관없는 물건인 것처럼 늘 책장에만 꽂혀 있는데 영어책을 잘 보길 바라는 것은 엄마 욕심이 아닐까? 아이가 자기랑 상관있는 물건이라고 느껴야 한다.

자기가 먹은 음식이, 자기가 사용하는 컵이 책에 나온 걸 보고, 자기가 좋아하는 곰인형을 책 속 주인공도 좋아한다는 걸 보았을 때 그제야 아이는 영어책을 '나와 상관있는 물건'으로 여기게 된다. 책에서 본 것을 현실에서 보고 만지게 해주자. 영어책 내용으로 놀이까지 해준다면 이제 영어책은 상관있는 물건을 넘어 '상관있는데 재미까지 주는 물건'이 된다.

영어책만 전문으로 다루는 온라인 서점을 소개했는데, yes24, 알라딘, 교보문고 등에서도 책 제목만 잘 검색하면 영어책을 쉽게 구매할 수 있다. 책 제목만 알

일상생활과 영어책의 연결
토마토 나오는 책을 보여줄 때 토마토를 준다.

▌ 영어책 온라인 서점 ▌

웬디북	동방북스	북메카
www.wendybook.com	www.tongbangbooks.com	www.abcbooks.co.kr

디와이북스	하프프라이스북	키즈북세종
www.godybooks.co.kr	www.halfpricebook.co.kr	www.kidsbooksejong.com

도나북	쑥쑥몰	
www.donnabook.com	eshopmall.suksuk.co.kr	

면 네이버 쇼핑, 쿠팡 등에서 구매해 빠르게 받아볼 수 있다. 중고나라나 당근마켓에서 엄마표 영어, 영어책, 에릭칼, 노부영, 유아영어, 챕터북, 리더스북, 영어 그림책, 잠수네 등의 검색어로 손쉽게 중고서적을 살 수 있다.

주말에 놀아주는 거
이왕이면 영어책으로 놀자

엄마표 영어의 첫 시작을 어찌해야 좋을지…. 답답함과 막막함이 드는 이유는 뭘까? 너무 거창하게 생각해서가 아닐까? 뭔가 크게 마음먹고 제대로 해야만 할 것 같은 엄청난 숙제로 생각하기 때문이다. 이러한 마음이 드는 것은 워킹맘이나 전업맘이나 같다. 엄마표 영어의 장점을 충분히 알고, 해주고 싶은데 정보를 검색하면 할수록 막막함은 더 밀려오는 듯하다. 나도 안다.

워킹맘이라면 시간이 부족해서 그 막막함이 더 크게 올 것이다. 그래서 시도도 못 해보고 피아노 학원 보내듯, 태권도 학원 보내듯 영어학원에 보냈을지도 모른다.

그러므로 일상과 영어의 연계가 더더욱 중요하다. 동떨어져서 뭔가 하나 더 해야 할 것 같은 느낌이 아니라 원래 하던 것에 얹혀가는 느낌으로 시작하는 거다. 사~알짝 뭔가를 했는데 사실 그게 엄마표 영어환경 만들기였고 시간이 지나면서 어느덧 결과물이 하나둘 쌓여가는 감각이다. '일상과 영어의 연계'가 핵심이다.

→ 주말에 이왕 놀아주는 거 영어책놀이! ←

영어 생각은 일단 접어두고 평상시 주말 풍경을 떠올려보자. 마음먹고 주말여행을 갈 때도 있고, 시댁이나 친정에 갈 때도 있고, 바람 쐬러 근처 나들이를 갈 때도 있고 평일에 반납하지 못한 책을 들고 도서관에 갈 때도 있을 것이다.

그런데 뭘 하든 안 하든 주말을 아이와 보내야 하지 않은가? 평일을 보낸 아이도 주말을 손꼽아 기다린 것 같지 않은가? 집에서 같이 뒹굴뒹굴 편하게 아점을 시켜 먹을 수도 있고 TV를 같이 볼 수도 있고 밀린 집 안일을 할 수도 있다. 놀이터에 같이 나갔다 오든, 마트에 같이 나갔다 오든, 소꿉놀이를 같이하든 이렇든 저렇든 무엇을 하든 아이와 시간을 보내야 할 것이다.

아이와 어차피 시간을 보내야 할 거라면, 이왕 놀아줄 거라면 책놀이를 해주고, 이왕 책놀이 할 거 영어책놀이를 해주자고 생각해보자. 그러면 '영어 공부'라는 느낌이 적기 때문에 아이가 영어책놀이를 하면서 영어를 습득하든 못 하든 '하면 좋고 아니면 말고'라는 마음이 들게 된다. 어차피 놀 거였기 때문에 영어단어 하나 못 배우고 말 그대로 놀기만 했어도 상관이 없다는 뜻이다. 아이랑 함께 시간을 보내고 놀아주려고 했는데 어쨌든 놀아줬으니까 괜찮지 않은가.

신기한 건 놀이만 따라와도 잘 보낸 거라는 마음으로 주말 1시간 동안 영어책놀이를 해주는데도, 영어뿐 아니라 독서습관까지 따라온다는 것이다. 영어학원에 보내놓으면 영어단어 하나라도 알아야 뭔가 보낸 보람이 나고, 전 달보다 나아지는 게 보여야 계속 보낼 이유가 생긴다. 그런데 집에서 주말 1시간 동안 엄마표 영어를 하면 놀기만 해도 보람되는데 영어까지 알게 되고 독서습관까지 얻게 되더란 말이다.

주말 1시간 영어책놀이를 해서 뭐 얼마나 효과가 있을까 의아할 수 있다. 하지만 엄마표 영어환경 만들기 과정에서 '영어책'은 끝까지 빠지지 않고 활용되는 물건이며 엄청 중요한 기초석이다. 영어환경 만들기는 기초석을 쌓는 과정이라고 보면 된다.

DVD만으로, 화상영어만으로, 외국에 갔다 오는 것만으로, 어학원만으로 영어를 다 마스터할 수 있다고 생각하면 오산이다. 결국 책 속의 영어글자를 만나야 하고, 그 안의 내용을 파악해야 한다. 계속해서 영어책을 활용해야 하므로 영어책과 친해질 수 있는 영어책놀이 시간이 더더욱 중요한 것이다.

'주말 1시간만 해주자'라고 생각하자. 그렇게 생각해야 뭔 일이든 일어난다. 10분 하고 아이가 도망을 치든, 30분 만에 지쳐 나가떨어지든, 1시간이 훌쩍 넘었는데도 계속 놀아달라고 하든 뭐가 되었든 '주말 1시간만 해주자'라는 마음을 먹었을 때 일이 일어난다.

⇢ 책육아는 꼭 한글책으로만 해야 할까? ⇠

'책육아'라는 말을 들어봤는가? 이미 하고 있는 엄마도 있을 것이다. 인스타그램에 '#책육아'라고 한번 검색해보라. 많은 엄마가 책육아를 하고 있다.

내가 첫째아이를 키울 때는 책육아라는 말이 없었다. 비슷한 개념이라면 '독후활동'이란 단어가 있었다. 사실 책육아는 독후활동도 포함하는 좀더 포괄적인 개념인데, 오히려 독후활동보다 책육아라는 단어가 덜 부담스럽다.

책육아를 하는 엄마들을 보면 예전에 독후활동을 해주던 엄마들보다 더 열정적인 경우가 많다. 적극적인 태도에 살짝 생각의 전환을 해보면 좋을 것 같다. 책육아를 할 때 굳이 한글책으로만 해줄 필요가 있을까? 영어책으로 책육아를 해준다고 생각하는 거다.

한글을 뗄 때 동물이름이 적힌 한글카드를 장난감 기차에 태워서 이동시켰다고 하자. 꼭 한글카드여야 할까? 영어카드여도 되지 않을까? 사물 인지를 목적으로 책을 사준다고 하자. 꼭 한글로 된 사물 인지 책이어야 할까? 영어로 된 사물 인지 책을 사줘도 되지 않을까?

　나는 토끼가 나오는 한글책을 볼 때 색도화지로 토끼 귀 모양을 만들고 머리띠에 붙여서 깡충깡충하면서 놀아줬다. 토끼가 나오는 영어책을 볼 때는? 똑같이 놀아줬다. 어차피 놀아줄 거 한글책, 영어책 구분 없이 놀아줬다. 어렵게 생각할 필요 없다. 한글책 읽고 놀아주듯이 영어책 읽고 그렇게 놀아주면 된다.

　그러면 무슨 일이 일어날까? 토끼 나오는 한글책만 본 아이와 토끼 나오는 한글책을 보고 엄마랑 토끼 귀 머리띠 끼고 논 아이는 분명 차이가 있을 테고, 토끼 나오는 한글책으로만 논 아이와 토끼 나오는 영어책으로도 논 아이는 분명 차이가 있을 것이다.

　책만 본 아이들이 어느 순간 책 내용이 현실에도 존재한다는 것을 알게 되는 때가 오겠지만, 나는 처음 책을 읽을 때부터 책 내용과 현실을 연결해주려고 했던 것이다. '책은 책장에만 꽂혀 있는 너랑 상관없는 물건이 아니고 이 현실세계에서 너랑 상관있는 물건이야'라는 메시지를 끊임없이 전달해주는 것, 일상과 영어책과의 연계가 핵심이다.

　영어실력도 잡고 독서습관도 잡아야 하는 것이 아니라 독서습관 안에 영어도 있고 한글도 있고 과학도 있고 수학도 있는 것이다. 한글책 영어책 구분 없이 독서습관을 잡아주자. 한글책으로는 독서습관을 잡고 영어책으로는 영어실력을 잡는다고 구분해서 생각하는 것은 바보 같은 짓이다. 한글책으로 독서습관이 어느 정도 잡혔을 때, 영어책 읽기를 시작하겠다고 생각하지 말자. 독서습관을 잡아가는 과정에 영어책 읽기도

| 독서습관이 기본 |

영어 따로 독서 습관 따로가 아니라 독서습관 안에 영어, 과학, 역사 등이 있는 것이다.

넣어버리자! 아이가 한글책 보듯 영어책도 보고 과학책도 보고 역사책도 보고 수학책도 보는 것이다.

과학에 관심 많은 아이가 과학동화를 읽지 않는가? 그렇게 읽다 보면 과학지식이 더 쌓이지 않겠는가? 물론 직접 실험해보거나 과학관에 가보거나 관련 영상물을 보는 방식으로도 과학 지식을 쌓을 수 있지만 과학 분야의 전문가가 쓴 과학책으로도 가능하다.

영어도 외국인을 만나서 말을 해보거나 외국에 나가보거나 영어로 된 드라마나 영화를 보는 방식으로 영어실력을 쌓을 수도 있지만 영어책 자체로 영어실력을 쌓을 수 있다는 말이다. 아이가 책을 읽었는데 그 책이 영어책이다 보니 영어실력이 따라온 것뿐이라는 감각이다.

구하기 쉬운 것들로
엄마표 영어를 세팅하는 법

엄마표 영어를 진행하는 엄마가 마음가짐을 다지는 것이 '내적 환경 만들기'라고 한다면, 집 안을 영어환경으로 세팅하는 것을 '외적 환경 만들기'라고 할 수 있다. 외적 환경 만들기의 핵심은 '간편함'이다. 아이가 영어에 큰 흥미를 못 느끼는 초반이라면 더욱 그렇다.

아이는 오래 기다려주지 않는다. 하루에도 수십 번 바뀌는 것이 아이 마음이고 엄마마음이다. 아이가 해달라고 하는 그 타이밍에 또는 엄마가 마음먹었을 때 1분 안으로 실행 가능한 영어환경이 세팅되어 있어야 한다. 엄마표 영어의 필수 아이템을 소개한다. 영어환경을 마련해놓고 엄마와 아이가 모두 마음이 동하는 그 순간을 놓치지 말자.

⇥ 영어책과 책장 ⇤

영어책과 책장은 기본이다. 영어책을 고르는 가장 좋은 방법은 영어원서전문 온라인 서점에서 아이의 관심사를 영어단어로 검색한 뒤 그에 해당하는 영어 단행본들 15~20권을 골라 'ㅇㅇㅇ(아이 이름) 전집'이라고 이름 붙여 한꺼번에 주문하는 것이다.

개똥이네, 해오름중고장터, 중고나라, 알라딘중고샵, yes24중고매장 등에서 중고가로 책을 구입하는 것도 좋은 방법이다. 근처 도서관에서 책을 빌리거나 리브피아, 리틀코리아, 북빌, 민키즈와 같은 영어책 대여 사이트에서 대여할 수도 있다.

책장은 세로형보다 가로형으로 낮은 것이 좋고, 잡지 책꽂이나 벽차트와 같이 책 표지가 보이게 꽂을 수 있는 것이 좋다. 작은 책들은 바구니에 넣어두거나 그냥 바닥에 두어 아이 손이 금방 닿을 수 있도록 해주자.

﹣ 독서대 ﹣

아이가 고개를 숙이지 않고 책
을 볼 수 있도록 독서대를 구비
해주는 것도 필수다. 독서대는
'YIYO독서대'를 추천한다. 책
넘김 방지대가 뻑뻑하다는 단점

이 있지만, 무겁지 않아서 아이 혼자 충분히 옮길 수 있고 높낮이 조절이
되며 독서대 아래로 다리를 쭉 뻗을 수 있기 때문이다.

﹣ 오디오와 CD ﹣

오디오와 CD는 아이 손이 쉽게 닿는 곳에 함께 놓는 것이 좋다. 오디오
는 CD를 넣어도 DVD를 넣어도 소리 재생이 되는 인비오가 대세이긴
하다. 그런데 기능이 많다 보니 그만큼 고장이 잦다. 아이 있는 집은 좋
은 기기보다 필요한 기능이 있는 튼튼한 제품이 최고다. 나는 아이리버
IA60을 사용 중이다.

　벽차트에는 책만 꽂을 수 있는 것이 아니라 CD도 꽂을 수 있다. 대부
분의 영어책 CD에는 영어책 표지가 그려져 있으니 그림이 보이게 벽차
트에 꽂아두자. 아이가 직접 고르고 꺼내올 수 있도록 눈높이에 배치해

주면 좋다.

흠집이 날까 우려되어 아이 손이 닿지 않는 곳에 CD나 DVD를 보관하는 경우가 있는데 아이들에게 어디를 잡아야 하는지, 어떻게 오디오에 넣어야 하는지 등 사용법을 알려주면 의외로 잘한다. 나는 첫째아이가 다섯 살 때 아이 스스로 오디오 CD 뚜껑을 열고 CD를 넣고 뚜껑을 닫고 재생하는 버튼을 누르고 정지하는 버튼을 누르고 끝나면 정리하는 것까지 할 수 있도록 알려주었다.

-> 터치형 전자펜 <-

세이펜, 비바펜 같은 터치형 전자펜도 필수 아이템이다. TAPE와 CD도 물론 활용하기 좋지만 간편함은 전자펜을 따라오기 힘들다. 책에 손가락을 갖다 대듯 전자펜의 끝을 책에 갖다 대면 책에 적힌 문장 소리가 전자펜을 통해 흘러나온다. CD는 Track별로 책 전체를 읽어준다면 세이펜은 터치하는 그 문장이나 단어만 읽어준다는 장점도 있다. 세이펜을 사면 얼마나 사용할까
싶고 음원을 넣어줘야
한다는 말에 활용법이
어렵게 여겨질 수도 있
지만 시간이 지나 결국
에 사게 되는 물건 중 하나다.

둘째아이는 전자펜이 적용되는 책들로 그림집중듣기와 글자집중듣기를 하고, 첫째아이는 세이펜에 mp3 음원파일을 넣어서(휴대폰 사진을 컴퓨터에 전송하는 방식과 똑같은 방식으로 컴퓨터에 있는 mp3파일을 폴더에 넣어주면 됨) 사용한다. 챕터북이나 소설책은 음원이 입혀진 책이 드물기 때문이다.

노부영, 씽씽영어, 맥스앤루비, 까이유, ORT 등 엄마표 영어 초기에 볼 수 있는 대부분의 책이 전자펜이 적용된다. 하지만 전자펜을 갖다 댄다고 모든 책에서 소리가 나는 것은 아니기 때문에 펜이 적용되는지 여부를 확인한 후 구매하는 것이 좋다.

흔히 '세이펜 버전' '세이펜 호환'이란 단어를 사용하니 책 설명 부분을 확인하자. 펜이 적용되는 영어책이 궁금하다면 세이펜 공식 사이트(www.saypen.com)에서 [교재 소개]를 클릭하고 살펴보면 된다. 한글책, 영어책 할 것 없이 세이펜이 되는 모든 책이 출판사별로 정리되어 있다.

세이펜

⇀ 프린트기 ⇋

엄마표 영어를 하면서 제본기나 코팅기까지는 필요 없어도 '프린트기'는 꼭 갖춰두자. 아이가 프린트해달라고 할 때 메일로 보내고 문구점에 가서 메일을 열어서 프린트를 해오면 아이는 이미 다른 놀이 중일 것이다. 바로바로 해주는 것이 관건이다. 또 엄마표 영어는 컬러 프린트를 해줄 일이 많은데 문방구에서 컬러 프린트를 하면 1장에 1,000~1,500원이므로 가성비로 따졌을 때도 프린트기를 사는 게 낫다.

아이가 재미있게 본 영어 애니메이션 장면을 프린트해서 미니북으로 만들어줄 수 있고, 색칠놀이를 자주 하는 아이에게는 수시로 프린트해줄 수 있어 좋으며, 영어 무료 워크시트를 프린트해줄 수도 있어 좋다.

아이가 초등학교에 들어가면 학교 숙제로 자료조사를 해 가야 하는 경우가 많은데 그때도 요긴하고, 중학생이 돼서 방학숙제, 보고서, 독서록 등을 제출해야 할 때도 사용 빈도가 높다. 특히 빨리 사진을 인화해야 할 일이 있을 때 임시방편으로 컬러 프린트해서 도움이 된 적이 많다.

프린트기는 당장 사용이 가능하도록 세팅해두어야 한다. 가령 아이와 지난 주말에 함께 봤던 영어책을 이번 주말에 한 번 더 보고 관련된 워크시트를 풀게 해주려고 마음먹었다고 해보자. 워크시트를 프린트해주려는데 프린터 전선을 꽂아야 하고 종이를 넣어야 하고 컴퓨터를 켜야 한다면 벌써 1분이 지나버린다. 사람 마음이라는 게 간사해서 조금만 귀찮으면 행동으로 이어지기 힘들다. 항상 A4용지를 넉넉하게 준비해놓고

잉크를 채워놓는 게 좋다.

특히 프린트할 때마다 컴퓨터를 켜고 컴퓨터와 프린트기를 연결해야 한다면 조금 더 간편한 방법을 찾을 필요가 있다. 바로 와이파이 프린트기다. 휴대폰에 해당 프린터 앱을 다운로드만 하면 와이파이가 터지는 곳이면 어디에서든 출력할 수 있다.

둘째아이가 색칠공부에 푹 빠졌던 시기가 있었는데, 따로 색칠공부 책을 사주는 대신 휴대폰으로 구글에 접속해 'ㅇㅇㅇ 색칠공부'라고 검색해서 나온 이미지 중에서 적당한 것을 골라 바로바로 인쇄해줬다. 아이가 디즈니 영화를 좋아한다면 '디즈니 색칠공부' 또는 '영화제목+색칠공부'라고 검색해보라. 정말 많은 이미지가 뜬다. 아이에게 검색된 이미지들을 보여주고 고르라고 하여 그 자리에서 바로 인쇄해줄 수 있다.

예전보다 프린트기 성능이 훨씬 좋아진 데다 콤팩트한 크기라 자리도 많이 차지하지 않는다. 그 정도로도 만족스러운데 와이파이로 연결까지 해놓으면 효율성이 배가된다. 엎드려 있건 앉아 있건 바로 그 자리에서 휴대폰 터치 몇 번으로 출력할 수 있으니 그야말로 간편함 최상의 영어 환경 세팅이다.

아이와 엄마표 영어를 진행할수록 눈에 들어오는 제품이 점차 늘어날 것이다. '엄마표 영어 세계'라 불릴 만큼 영어교육 쪽에서도 '엄마표 영어'는 나름대로 공동체가 형성되어 있어서 선배맘과 후배맘 간의 분위기가 끈끈하다. 같은 나이대의 아이를 둔 엄마들끼리는 온라인상이지만 자주 소통하면 동지애도 생긴다.

엄마표 영어를 진행하는 엄마들끼리 힘들 때 함께 으쌰으쌰하는 것은 매우 좋은 현상이다. 하지만 분위기에 너무 휩쓸려버리면 이것저것 사지 않아도 되는 제품까지 사게 되는 현상도 있으니 주의하자. 일단 필수 아이템을 장착했다면 다른 보조제품에 눈을 돌리기보다는 '영어책' 자체에 신경 쓰는 것이 바람직하다.

그리고 정말 중요한 것은 이러한 아이템 구비가 아니라 아이템을 활용해서 효용가치를 높이는 것이다. '아이에게 어떻게 영어환경을 만들어주지?' 하고 고민하다 보면 저절로 아이템이 떠오른다. 그것도 내 아이에게 안성맞춤인 아이템이 말이다.

내 아이 맞춤 3-3-3 엄마표 영어
(3달-3번의 주말-3가지 책)

'3-3-3 엄마표 영어'는 세 가지 종류의 영어책을 각각 한 달씩, 총 3개
월 동안 활용하되 주말 1시간에 집중해서 해보자는 준사마의 엄마표 영
어 제안이다. 엄마표 영어 초기에 할 수 있는 가장 실질적 활용법으로만
구성했다. 참고로 그 달의 네 번째 주말은 이전 세 번의 주말에 했던 활
동을 복습하거나 다음 주말에 할 것을 워밍업하는 시간으로 생각하자.

최종 목표를 설정하는 것도 중요하고, 3년 계획, 1년 계획을 세우는
것도 좋지만, 일단 처음 세 번이 중요하다. 이 부분에 있어서는 긴 설명
이 필요 없을 듯하다. 새해 첫날 우리가 하는 다짐들을 생각해보면 된다.

초반에 딱 세 번만 힘을 내주면 그다음은 그보다 힘을 덜 주어도 된다.

┃ 준사마의 3-3-3 엄마표 영어 ┃

첫째 달 노부영	둘째 달 씽씽영어	셋째 달 ORT
첫째 주말 CD 틀고 춤추며 듣기 (흘려듣기)	**첫째 주말** 장난감에 사진 붙이기 (주제별 영어놀이 -가족/신체)	**첫째 주말** 노래에 맞춰 글자 가리키기 (글자집중듣기)
▼	▼	▼
둘째 주말 노래에 맞춰 책장 넘기기 (그림집중듣기)	**둘째 주말** 풍선과 우산으로 놀기 (주제별 영어놀이 -날씨/색깔)	**둘째 주말** 듣는 대로 입밖으로 소리내기 (따라말하기)
▼	▼	▼
셋째 주말 무료사이트 활용놀이 (키즈클럽)	**셋째 주말** 몸으로 표현하기(주제별 영어놀이-도형/숫자)	**셋째 주말** 자유롭게 끄적여보기 (워크북)

지금까지 안 하던 것을 해야 하니 힘이 들 수밖에 없다. 하지만 한 주 한 주가 지날수록 '생각보다 할 만하다'라고 느낄 것이라 장담한다. 만약 처음에 드는 에너지만큼으로 계~속해야 하는 거라면 '3-3-3 엄마표 영어'를 권하지도 않는다.

엄마표 영어 초반에 딱 좋은 스테디셀러

노부영, 씽씽영어, ORT를 만드는 출판사와 전~혀 상관없는 내가 노부영, 씽씽영어, ORT를 콕 집어 제시하는 이유는 다음과 같다.

노부영, 씽씽영어, ORT는 모두 검증된 책이다. 이제 막 출판된 책이 아니다. 엄마표 영어계의 스테디셀러다. 꾸준히 팔리는 데에는 다 그만한 이유가 있는 것이다. 노부영, 씽씽영어, ORT는 모두 엄마표 영어 '초반'에 활용하기 좋은 대표 책이다.

한글책에도 창작동화, 전래동화, 명작동화, 과학동화, 저학년문고, 고학년문고, 소설 등의 구분이 있듯이 영어책에도 구분이 있다. 주로 '그림책(픽처북)/칼데콧', '리더스', '챕터북', '영어소설/뉴베리', '영어사전', '영어만화'로 분류한다.

100% 그런 것은 아니지만(그림책 중에서도 북레벨이 영어소설 수준인 책이 있음) 보통 쉬운 책은 그림책에 포진되어 있고, 그다음으로 쉬운 책이 리더스북에 포진되어 있다. 리더스북을 어느 정도 읽는 아이들이 초기 챕터북을 거쳐 북레벨이 높은 챕터북까지 읽어나가다가 영어소설로 진입하게 된다.

> **북레벨** 북레벨(BL)은 내용, 사용단어, 주제 등에 따라 책의 단계를 구분해놓은 것이다. BL 3.2는 미국 초등학생기준 3학년 2개월 때, 1.9는 1학년 9개월 때 읽기 적합한 책으로 권장된다. 그림책은 대부분 2점대 이하에 포진되어 있고, 리더스북은 2~3점대, 챕터북은 3~4점대, 영어소설은 4점대 이상으로 포진되어 있다.

엄마표 영어를 이제 막 시작하는 아이가 챕터북과 영어소설을 읽기에는 당연히 무리가 있을 수밖에 없다. 또한 아직 글자에 대한 개념이나 알파벳 음가를 접해보지 않은 아이에게 읽기 연습을 위한 리더스북을 권하는 것도 무리가 있을 수밖에 없다. 그래서 영어 동요 CD가 포함된 그림책(노부영), 유아용 영어전집 중 주제별로 활용하기 좋고 가성비가 좋은 책(씽씽영어), 리더스북이지만 딱딱하지 않고 스토리가 재미있는 책(ORT)을 추천하는 것이다.

솔직히 영어책 추천에는 위험 요소가 따른다. 아시다시피 이 세상의 모든 아이는 저마다 특성이 달라서 다수가 잘 보는 책이라도 보지 않는 아이도 분명 존재하기 때문이다.

그런데도 이렇게 책명까지 제시하는 것은 수많은 종류의 영어전집과 리더스북을 제시하는 것이 초반엔 오히려 부담될 수 있기 때문이다. 많이 제시하면 참고가 돼서 더 좋을 수도 있지만 '저 많은 책을 어떻게 다 읽히지?' 하고 한숨부터 나올 수도 있다. 추천책을 콕 찍어주면 일단 시작할 수 있다.

계속 강조하는 말이지만 그놈의 '시작'이 중요하다! 뭐든 시작해야 그 다음 일이 벌어질 것이 아닌가! 나중에 느끼겠지만, 시중에 나온 영어책 대부분이 엄마표 영어를 하기에 수월한 구성이다. 세이펜을 책에 갖다 대면 읽어주는 책이 즐비하고 CD, DVD, CD-ROM, 워크북, 부모 가이드북 등 구성품도 풍성하다. 어떤 책을 선택하든 글밥이 너무 많지만 않다면 상관없으니 책 선정에 너무 기운 빼지 말길 바란다.

─→ 점진적 레벨 상승에 중점을 두고 짠 플랜 ←─

노부영, 씽씽영어, ORT는 모두 점진적으로 영어 수준을 향상시키는 플랜에 걸맞은 책이다. 얼핏 보면 그냥 다 영어 그림책으로 보이겠지만, 사실 노부영, 씽씽영어, ORT에는 차이점이 존재한다. 엄마표 영어 초반에 활용해주는 책이라는 점에서는 같지만, 엄밀히 따지면 같은 수준의 책은 아니다.

"어릴 때는 영어 동요 CD를 틀어주세요"라는 말을 많이 들었을 것이다. 아이가 영어를 처음 접할 때 CNN뉴스나 영어독해문제집으로 시작하는 엄마는 없을 것이다. 아이의 수준과 낯선 언어에 대한 반감을 없애고자 'Song'으로 시작하는 엄마가 많다. 노래에는 멜로디와 리듬이 있어서 그냥 영어책을 읽어줄 때보다 거부감이 적다.

잉글리시에그와 같이 Song이 포함된 영어 그림책이 많이 있지만, 노부영을 권하는 이유는 권수가 많기도 하고 낱권 구매도 가능하기 때문이다. 꼭 CD가 포함된 책을 구매하지 않더라도 유튜브와 같은 콘텐츠를 이용해서 음원을 들려주기도 용이하다 보니 접근성 면에서 효율적이다.

첫째아이는 리딩플래닛이라는 영어도서 대여프로그램을 꾸준히 이용했는데 그때 집으로 매달 왔던 책들이 대부분 노부영이었다. 그래서 노부영 책을 대부분 보여줄 수 있었다. Song CD가 있는 책이다 보니 활용하기도 좋았다.

〈책갈피 요정 또보〉라는 TV만화가 있는데 노부영 책 속으로 또보 캐릭터가 들어가서 설명도 해주고 춤도 추는 영상물로 노부영 책과 함께 활용하기 좋았다. 엄마표 영어의 시작을 노래와 함께 구성하는 것이 좋으므로 씽씽영어나 ORT보다 노부영을 첫째 달에 두었다.

씽씽영어는 첫 유아용 영어전집으로 유명한데, 가격도 나쁘지 않고 선배맘들의 활용기가 온라인상에 많아 따라 하기에 좋다. 무엇보다 주제별 영어놀이를 하기에 탁월하다.

주제별 영어놀이란 하나의 주제를 두고 영어놀이를 해주는 것을 말한다. 예를 들어, '음식'을 주제로 정했다면 씽씽 영어전집 중 『Try some food』 책을 보여주고 나서 음식과 관련된 단어 익히기나 딸기 썰기 등과 같은 관련 활동을 하는 것이다.

책 속에 milk, cake, ice cream 등 음식 관련 단어가 많지도 적지도 않게 들어 있고, 유아용 영어전집답게 하드커버로 되어 있어서 아이들이 만지고 쌓고 던지면서 놀기에도 좋다. 첫째 달에 노래 위주로 놀았다면 둘째 달에는 주제별 영어놀이 위주로 놀아주는 것이다.

셋째 달에 ORT를 넣은 것은 노래나 책 속 그림뿐 아니라 '글자'에도 관심을 유도해보라는 의도다. ORT 1, 2, 3단계 책은 한 페이지에 한 문장도 없거나 한 문장 정도이기 때문에 '글자집중듣기'를 시도해보기에도 좋고, 한 문장씩 '따라말하기'를 해보기에도 좋다. 무엇보다 워크북이 있어서 끄적끄적 써볼 수도 있어 활용도가 높다(글자집중듣기와 따라말하기 등 자세한 내용은 뒤에서 다루겠다).

전체 세트를 구매하기보단 5단계나 6단계까지만 구매하는 것을 권한다. 6단계를 지나 7단계쯤 되면 챕터북 수준이 되기 때문이다. 리더스북 종류로 구분되지만 사실 ORT는 '리더스북+챕터북+쉬운 영어소설'이라 할 수 있을 만큼 단계가 광범위하다.

이렇듯 '3-3-3엄마표 영어'는 대충 짠 플랜이 아니다. 3장부터 5장에 걸쳐 구체적인 놀이방법과 함께 차근차근 다루어보겠다.

참고로 이 책에서 제시하는 '3-3-3 엄마표 영어'를 플랜대로 진행해보고 계속해나갈 자신감이 붙고 아이 반응도 좋다면, 한 번 더 '3-3-3 엄마표 영어'를 진행하길 권한다. 아이가 초등 고학년이라면 '3-3-3 엄마표 영어' 다음에 바로 챕터북에 들어가도 소화할 수 있지만 유아라면 바로 챕터북으로 넘어가는 건 좋지 않다.

또 아이의 호응 정도에 따라 '3-3-3 엄마표 영어'의 기간을 상황에 맞게 변경해보아도 좋다. 예를 들면 첫째 달 플랜을 두 달간 활용하고 둘째 달로 넘어가고 둘째 달 플랜을 두 달간 활용하고 셋째 달로 넘어가는 방식으로 말이다. 첫째 달에 노부영을 활용해서 반응이 좋았다면 다른 노부영 책을 더 활용해주는 식이다. 그러면 3-3-3 엄마표 영어의 기간을 2배로 늘려 활용하는 것이므로 전체 기간은 석 달이 아니라 반년이 된다. 아이가 받아들이는 정도에 초점을 맞춰 3-3-3 엄마표 영어 플랜을 조절해보길 권한다.

3장

첫째 달엔 영어 동요 듣는 걸로
부담 없이 시작한다

첫째 달에 준비할 것
영어 그림책 노부영과 세이펜(CD), 딱 2종류

강의를 다니면서 엄마들에게 물어보면 '세이펜', '챕터북', '북레벨(Book Level)'에 대해선 몰라도 '노부영'은 들어봤다는 답이 많았다. 그만큼 첫 영어 그림책으로 많이 알려져 있는 것이 노부영이다.

노부영

'노래 부르는 영어동화'의 약자인 노부영은 얼마 전부터 노부영 드림, 노부영 하트, 노부영 파닉스, 노부영 런투리드 등으로 범위가 매우 넓어졌으나, 이 책에서 말하는 노부영은 지금까지 꾸준히 사랑받아온 영어 그림책을 지칭하는 것임을 먼저 명시한다.

⇥ 그림책 고르는 요령 ⇤

엄마들한테 영어 그림책을 추천해달라는 요청을 자주 받는데, 그러면 간단하지만 효과적인 요령을 알려준다. 아이가 흥미를 보일 책을 고를 수 있는 요령이다. 먼저 아이의 관심사를 묻는다.

만약 '동물'이라면 cat, dog, horse 등을 영어책 전문 온라인 서점에서 검색해서 나오는 책 중 글밥이 많지 않고 색이 선명한 그림책을 구입하면 된다. 만약 '탈것'이라면 taxi, car, bus, train, truck 등을 검색하면 된다.

그런데 'car'로 검색하면 200권이 넘는 책이 나오기 때문에 또 고민이 될 것이다. 표지만 보고 구입하기 걱정된다면 책 분야가 '그림책'으로 구분되는지, 대상 연령이 '4~6세'로 구분되는지를 확인해보면 된다.

정확한 책 제목을 알려달라는 엄마도 많다. 단 한 권이 아니어도 좋으니 몇 권만 추천해달라면서 강의 때 들고 간 영어 그림책 표지를 찍어가는 엄마도 있다. 어떤 책을 사야 할지 전혀 감이 안 온다면 JYBOOKS출판사의 영어 그림책 노부영 중 CD를 포함하고 있는 것을 낱권으로 사자.

그중 꾸준히 사랑받는 책 15권을 모아놓은 것이 '노부영 스테디셀러

15'이고 인기 있는 책 15권을 모아놓은 것이 '노부영 베스트셀러 15'이
므로 정 책을 고르기 어렵다면 이 30권부터 시작하면 된다(3장의 말미에
목록을 실었으니 참고하기 바란다). 이 30권은 몇몇 권을 제외하면 모두 북레
벨 1.0 이하이거나 1.0~1.9이므로 첫 책으로 무난하다.

첫째아이가 버스 바퀴와 토마스 기차에 빠져 지낼 때 탈것 관련 책
20~30권을 한번에 사준 적이 있다. 책이 집에 온 날 '예준이 전집'이
라고 이름 붙여주었던 기억이 난다. 책 편식을 방지하기 위해 출판사에
서 전문가들이 묶어주는 전집이 필요할 때도 있긴 하다. 하지만 엄마표
영어 초반에는 아이의 흥미를 끄는 것이 무엇보다 중요하다. 아이의 관
심사를 누구보다 잘 알고 있는 엄마가 아이 맞춤 전집을 만들어주는 게
좋다.

⇢ 아이라면 누구나 좋아할 만한 단어 ⇠

전 세계 아이들이 공통적으로 좋아하는 단어를 검색하는 것도 요령이
다. friends(친구), play(놀이), food(음식), pizza(피자), ice cream(아이
스크림), cake(케이크), toy(장난감), pants(팬티), poop(똥), toilet(화장실),
potty chair(변기) 등을 소재로 다룬 책은 아이들이 다 좋아한다.

또 다른 요령은 캐릭터로 접근하는 것이다. 아이가 좋아하는 캐릭터
하나만 알아도 그 캐릭터가 나오는 책은 다 보여줄 수 있다.

Peppa Pig(페파 피그), Caillou(까이유), Disney(디즈니), The Colour Monster(색깔괴물), Biscuit(강아지 비스킷), Clifford(강아지 클리포드), Spot(강아지 스팟), Maisy(생쥐 메이지), Bob(밥 아저씨), Fly Guy(파리 플라이 가이), Curious George(원숭이 큐리어스 조지), The Berenstain Bears(베렌스테인베어즈), Truck town(트럭타운) Dora(도라), Peter Rabbit(피터 래빗), Elephant & Piggie(앨리펀트 앤 피기), Arthur(아서), Henry and Mudge(헨리 앤 머지), Olivia(올리비아), Timothy Goes to School(티모시네 유치원), Thomas & Friends(토마스와 친구들), Max and Ruby(맥스 앤 루비), Fancy Nancy(팬시 낸시), Angelina Ballerina(안젤리나 발레리나), Mr.Men & Little Miss(EQ의 천재들), Little Critter(리틀 크리터), Dr. Seuss(닥터 수스), Froggy(개구리 프로기) 등 다양한 캐릭터가 있다.

하지만 워킹맘들은 이런 방법마저 힘들 수 있다. 그래서 노부영 베스트셀러나 노부영 스테디셀러를 추천하는 것이다. 15권씩 묶어서 판매하다 보니 한 권 한 권 고르지 않아도 되어 시간을 절약할 수 있다. 낱권으로 CD포함해 만 원대다. 만약 여의치 않다면 중고서점에서 책만 3,000~4,000원대로 따로 구입하고 유튜브에서 책이름을 검색해 음원을 들려줘도 무방하다.

『See you later alligator?』
주인공 입에 손가락을 넣고
움직일 수 있어서 책 자체만으로도
성공하는 책이다.

특히 『Who stole the cookie from the cookie jar?』, 『Piggies』, 『Five little monkeys?』, 『See you later alligator?』, 『Go away big green monster』, 『Hooray for fish』, 『Down by the station』, 『The wheels on the bus』, 『I am the music man』 등은 실패하는 게 더 어려운 책이다.

첫째 주말
CD 틀고 같이 춤추거나
듣기만 해요

'3-3-3 엄마표 영어'를 시작하기 전에 일단 노부영 책을 미리 준비하자. 아니면 주말 나들이로 겸사겸사 서점으로 나들이 가는 것도 좋은 방법이다.

첫째 주말에는 노부영을 흘려듣기만 해주면 된다. 흘려듣기란 그냥 CD를 틀어주고 아이가 일상생활을 하면서 배경음악처럼 듣게 해주는 것을 말한다. CD를 틀어주기만 해도 흘려듣기는 진행되는데 이때 한 가지만 신경 써주면 된다. CD를 틀고 엄마가 춤을 추거나 흥얼거리거나 뭔가 즐거운 반응을 보여주는 것이다. 그냥 노래를 틀고 춤춘다고 생각하면 쉽다.

흘려듣기 그냥 무작정 깔아주는 배경음악 같은 소리가 아닌, 이미 봤던 영어책과 연관있는 영어 동요CD (song)를 밥 먹을 때, 놀 때, 일어날 때 등 일상 속에서 틀어주는 것.

그렇다면 '유튜브로 책 제목을 검색해서 들려주기만 하면 되지 책은 왜 필요한가?'라는 의문이 들지도 모르겠다. 바로 이 부분이 가장 중요하다. 흘려듣기를 할 때 '소리와 책'을 연결시키는 작업이 반드시 진행되어야 한다.

→ 영어, 노래, 행동의 연결 ←

엄마가 아이에게 변기에 쉬를 뉘일 때 어떤 소리를 들려줄까? "얍", "뿡", "꺅"일까? "쉬~~"가 맞다. 밥을 먹일 때는 어떤가? "음~ 맛있다~ 냠냠~" 이런 소리를 내지 "픽", "쿵" 이런 소리는 내지 않는다. 너무 뻔한 이야기 같지만 이 뻔한 것을 하지 않은 채 무작장 CD만 틀어주는 엄마가 많다.

물론 영어 동요가 20곡씩 들어 있는 CD를 틀어주는 것도 엄마표 영어환경을 만드는 방법일 수 있고 그것 역시 흘려듣기라 할 수 있다. 달리는 차 안에서 이동 중에 위씽과 같은 영어 동요 CD를 틀어줘도 좋겠지만, 여기서 말하는 흘려듣기는 그냥 무작정 무한정 깔아주는 배경음악

같은 소리가 아니다. 마냥 흘러가는 소리가 되게
흘려듣기를 해주면 안 된다. 아이가 이미 봤던
책과 관련된 CD를 생활 속에서 노출시켜주어
야 한다.

『Old Macdonald
Had a Farm』

엄마가 "Old Macdonald Had a Farm~ Ee-
i-ee-i-o~ ♬"라고 흥얼거리면 아이 머릿속에
『Old Macdonald Had a Farm』 책 표지가 떠오르거나 그 책을 뽑아올
정도가 되어야 한다. "누구야~ 밥 먹자~" 하면 화장실로 가는 것이 아니
라 식탁으로 오는 것처럼 소리를 들었을 때 바로 연계되는 행동이 따라
와야 한다. 영어 동요를 듣는 즉시 해당되는 영어책이 떠오르는 것! 노래
와 책의 연결! 그것이 '흘려듣기'의 목표다.

그래서 노부영을 추천한 것이다. 동요 따로 책 따로가 아니라 책과
동요가 연관된 책이기 때문이다. 그래도 아이가 반응이 없다면 〈Old
Macdonald Had a Farm〉 동요를 틀고 『Old Macdonald Had a
Farm』 책을 들고 판춤이라도 추자!

그러려면 엄마가 영어 동요를 유창하게 부
르고 뜻을 해석해주어야 할까? 아니다. 그저
아이가 신나게 영어 동요를 들을 수 있는 환
경을 만들어주면 된다.

세이펜으로 책 표지를 콕 누르기만 하면
노래가 재생되는 팸플릿을 아이가 오가는 길

세이펜으로 책 표지를 콕— 누르기
만 하면 노래가 재생되는 팸플릿

에 붙여주거나 책 표지가 그려진 CD를 벽차트(투명한 벽걸이용 책꽂이)에 꽂아주자. 오디오는 당연히 아이 눈높이에 놓아주고 독서대도 영어책도 아이 손이 닿는 위치에 놓아주자.

⇀ 왜 흘려듣기가 시작인가 ↽

2장에서 아이가 영어책을 낯설어하지 않게 영어환경을 만들고 책 자체를 갖고 놀았다면, 3장에서는 아이가 책 내용과 영어소리와 친해질 수 있게 놀아주는 방법을 안내한다.

'3-3-3 엄마표 영어'의 시작은 노부영 흘려듣기다. 그런데 시작부터 의문이 생기지 않는가? 왜 흘려듣기를 해야 하는지 의문이 생겼다면 아주 좋은 현상이다. 초반에 궁금한 것을 모두 뚫어놔야 피가 잘 통해서 끝까지 엄마표 영어를 할 수 있게 된다.

만약 한글책이라면 엄마가 읽어주기도 하고 주변에서 듣는 소리도 많기 때문에 남들이 책육아하듯이 아이가 크면서 책이 필요하면 넣어주고 책에 흥미를 느낄 수 있게 놀아주는 정도만 신경 써줘도 된다. 하지만 영어책이지 않는가. 영어글자가 쓰여 있다. 한글책처럼 영어책도 술술 읽어줄 수 있으면 모르겠는데 그게 아닌 데다 밖에 나가면 다 한국어이지 영어를 들을 기회도 없다. 그래서 영어책과 친해지는 과정이 필요했던 것처럼 '영어소리와 친해지는 과정', 즉 흘려듣기가 필요하다.

그런 점에서 CD 흘려듣기는 영어소리의 낯설음을 없애줄 수 있는 좋은 방법이다. 클래식을 자주 들으면 클래식도 어느새 익숙해지고 샹송도 자꾸 들으면 익숙해진다. 그런데 자꾸 듣는다고 샹송의 뜻을 알게 되는 것은 아니듯 영어소리도 마냥 듣는다고 해서 그 뜻까지 저절로 알게 되는 것은 아니다. 이것이 바로 상황에 맞는 영어소리를 들려줘야 하는 이유다. 초반에는 영어 동요 CD를 틀어주는 정도만 신경 써줘도 훌륭하지만 이왕 흘려듣기를 해줄 거라면 영어책에 붙어 있는 CD로 흘려듣기를 해주길 권한다. 그것도 전날 엄마와 함께 본 책의 CD를 틀어주자.

이렇게 했을 때 부작용(?)도 있기는 하다. 노래가 없는 책을 들고 와서 궁둥이를 흔드는 아이를 발견하게 될 것이다. 엄마는 책 속 문장을 넣어서 아무 멜로디나 즉석에서 불러줘야 할지도 모른다. 첫째아이는 16~20개월경 모든 책에서 노래가 나오는 줄 알고 계속 책을 뽑아왔더랬다. 내가 지어낸 곡이 얼마나 많은지 모른다. 엄마는 환경을 만들어주는 사람이다. 잊지 말자.

평일
엄마표 영어
TIP

주말 동안 흘려듣기를 한 CD를 놀 때, 밥 먹을 때 등 일상생활 중에 틀어주세요.

둘째 주말
노래에 맞춰
책장만 넘겨주면 끝

첫째 달 첫째 주말에 영어 동요를 틀고 흘려듣기를 했다. 아이가 노래를 들으면 해당되는 책이 뭔지 고를 수 있을 정도가 되어야 한다. 둘째 주말에는 별표 100개를 붙여야 할 만큼 중요한 '그림집중듣기'를 해주자. 그림집중듣기는 책 속의 그림을 보면서 CD에서 흘러나오는 소리를 집중해서 듣는 것을 말한다.

흘려듣기가 CD를 틀고 영어노래를 들으면서 춤을 추거나 일상생활을 했던 것이라면, 그림집중듣기는 조금 더 집중해서 책 속 그림을 보며 영어소리를 듣는 것이다.

⇀ 가사에 맞춰 책장 넘기기 ↼

독서대를 준비하고 책을 펴고 CD를 재생하자. CD를 재생하고 책을 꺼내오는 것을 아이가 모두 할 수 있으면 좋다. 어차피 앞으로 엄마표 영어를 할 때 아이가 계속 할 일이기도 하고 아이가 주체가 되어 움직이는 것이 좋기 때문이다.

이때 사용하면 좋은 방법은 "선생님~ 오늘은 이 책을 하실 건가요? CD는 어떻게 넣는 건가요?" 하면서 선생님 놀이를 하는 것이다. 엄마가 학생이 되는 거다. 아이가 노부영 30권 중 한 권을 선택하게 해도 좋고 첫째 주말에 했던 책으로 해도 좋다.

이제부터가 중요하다. 엄마가 CD소리에 맞춰서 책장을 한 페이지 한 페이지 넘겨줘야 한다!! 아~, 너~무 쉽다! 한글책을 읽어줄 때 다음 장면이 나오면 책장을 넘겨주듯이 CD 집중듣기를 할 때도 그런 식으로 책장을 넘겨주면 된다. 한마디로 말해서 노랫말에 맞춰서 책장을 넘겨주기만 하면 되는 것이다.

그림집중듣기 방법이 너무 쉬워서 깜짝 놀랐을 것 같다. 더 쉽게 말하면 책을 TV화면으로 생각하고 CD를 TV볼륨으로 생각하면 된다. TV화면은 알아서 넘어가고 소리도 알아서 맞춰서 나오지만 책은 엄마가 손으로 넘겨줘야 하는 일종의 수동 TV라고 생각하자.

노랫말에 맞춰서 책장을 한 장 한 장 넘겨줄 때 아이가 중간에 자기가 넘기려고 하거나 넘기지 말라고 하거나 온갖 일이 발생할 수 있다. 그럴

그림집중듣기 예시

Walking Through the Jungle

① What do you see?

노랫말이 나올 때 해당 장면 보게 해주기

② Roar! Roar! Roar!

노랫말이 나올 때 해당 장면 보게 책장 넘겨주기

③ I think I see a snake

노랫말이 나올 때 해당 장면 보게 책장 넘겨주기

④ Chasing after me

노랫말이 나올 때 해당 장면 보게 책장 넘겨주기

⑤ 책 끝까지 집중해서 소리에 맞춰 책장 넘겨주기!

그림집중듣기를 끝낸 뒤에는 장면 찾기 게임을 해보자.

① 아이는 눈을 감게 한다.

② 엄마가 책의 아무 장면을 골라서 전자펜으로 찍어 소리를 들려준다.

③ 아이에게 책을 준 뒤 어느 장면에 해당하는 소리였는지 맞혀보라고 한다.

④ 아이가 찾은 페이지의 문장을 찍어서 소리를 들려주며 확인해준다.

때는 "한번은 엄마가 해주고 한번은 ○○가 하는 거야~", "○○가 엄마 도움 없이 씩씩하게 해보고 싶었구나! 그래! 이번엔 ○○가 끝까지 넘겨 봐!" 하고 주도권을 넘겨주자. 아이가 내용이 재밌어서 빨리 결론을 보고 싶어 하는 걸 수도 있다.

중간에 아이가 질문하고 말을 시키면 CD를 일시정지하고 그냥 한국 말로 대답해주면 된다.

"으악~, 빨리 도망가자~! whale이 쫓아올 거 같아~."

"어머, 이 물고기 색깔 좀 봐~!"

"뱀이 날름날름 하고 있어~! 잡아먹히면 어쩌지?"

문장 자체를 해석해줄 필요는 없지만 중간중간 이해를 돕는 문장을 그 때그때 넣어주면서 진행해도 좋다. 영어책이라고 해서 반드시 영어로 대화해야 하는 것은 아니다.

영어책이니 영어문장이 적혀 있고, 영어문장이니 영어 CD의 도움을 받아 영어소리를 듣는 것뿐 영어책도 책이다. 아이랑 한글책보면서 대화

했듯이 영어책 보면서도 한국어로 대화해도 괜찮다. 영어책을 매개체로 아이와 대화하는 시간이라고 가볍게 생각하자.

그림집중듣기 방법이 너무 쉬워서 별로 안 중요해 보일지도 모르겠지만 나는 그림집중듣기에 별표 100개를 치고 싶다. 정~말 중요하다. 이렇게 중요하다고 강조하는 이유로는 크게 두 가지가 있다.

⇢ 헛고생이 되지 않기 위해 ⇠

첫째, 영어소리와 친해지는 효과를 넘어 '헛고생'하지 않는 방법이기 때문이다. 아이에게 영어교육을 시키고 싶다고 생각하고 이것저것 검색도 해보고 주변 엄마들과 얘기해보면 가장 많이 듣는 말이 있을 것이다.

"영어 CD를 많이 틀어줘~. 영어소리를 많이 들려줘야 돼~."

맞는 말이지만, 위험한 발언이기도 하다. 어릴 때부터 클래식을 많이 들으면서 큰 아이들은 나중에 커서도 클래식을 낯설게 여기지 않는다든지, 중국어를 처음 들으면 굉장히 억양도 세고 희한하게 느껴지지만 중국 드라마나 영화를 자주 보다 보면 나중에는 무슨 뜻인 줄은 몰라도 '아하, 중국어네~' 하고 낯설지 않게 여겨지는 것과 같은 현상이다. 어렸을 때부터 영어 CD를 많이 듣고 큰 아이들은 영어소리 자체를 낯설어하지 않는다. 그런 점에서는 영어 CD를 많이 틀어주는 것이 영어소리와 친해지는 데 효과적일 것이다.

그런데 "Old Macdonald Had a Farm ~ Ee-i-ee-i-o~ 🎵"를 많이 들은 아이에게 "Old Macdonald이 뭐야?", "Farm이 뭐야?"라고 묻는다면 어떤 일이 발생할까?

노래 리듬과 멜로디에 신이 나서 몸을 덩실덩실하기도 했고 자주 들어서 따라 부르기도 하는데 막상 이렇게 물어보면 Farm이 뭘 뜻하는지는 모를 수 있다. 얼마나 간과하기 쉬운 현상인가. 아이가 아무 뜻도 모르는 소리를 들었던 것이다. 심하게 말하면 그냥 소음, 배경음악이었을 수도 있단 말이다!

말과 글이라는 것은 개념작용을 요구한다. 개념작용이란 생각하고 해석하고 뜻을 깨닫는 것을 말한다. 말과 글에 개념작용이 없다면 말과 글로서의 의미가 없는 것이다. 쉽게 말해 프랑스어의 뜻을 모르는 한국사람에게 프랑스어는 그저 의미없는 '소리'에 불과한 것이다. 말과 글이 무슨 뜻을 갖고 있는지 내 안에서 이해가 수반되지 않는다면 그저 '소리'에 불과한 것이다.

결국 말과 글은 개념작용을 통해 해석하고 생각하고 알아듣는 과정을 반드시 요구한다. 그러한 과정이 없다면 그저 '소리', 심하면 '소음'이 될 수도 있는 것이다. 영어 역시 언어이기 때문에 이러한 과정이 있어야만 진정한 말과 글로서의 역할을 할 수 있다.

엄마표 영어를 위해 노력을 안 했으면 모를까 매일 CD 틀어주고 노력했는데 그게 헛고생이었다면 얼마나 시간이 아깝고 안타까운 일인가! 차 안에서 CD 틀어줄 때 그저 틀어주는 것은 효용성이 떨어지는 행동이 될 수 있다고 생각해보면 '뭐? 내가 그렇게 신경 썼는데 헛고생한 거라고?' 하고 좀 무섭지 않은가?

그저 소리나 소음으로 남게 하지 않기 위해 각각의 소리에 의미를 부여하겠다고 내 마음대로 의미를 부여하면 될까? 그것 또한 의미 없는 일이 된다. 예를 들어 아이가 "crash(크래시)"라는 소리를 들었을 때 '크래커? 과자?'라고 생각했다면 본뜻이 아니기 때문에 "crash"라는 소리는 그 아이에게 그저 의미 없는 소리가 되고 만다. 만약 그렇게 보낸 시간이 하루 이틀이 아니라 1년 2년이었다면 정말 너무도 안타까운 일이 아닐 수 없다.

그래서 정확한 '이미지(참뜻)'와 '영어소리'의 연결이 필요한 것이고, 영어 그림책을 통한 '그림집중듣기'가 매우 중요한 것이다. "I think I see a snake" 노랫말이 나올 때 Snake 이미지를 아이에게 보여주고, "Old Macdonald Had a Farm" 노랫말이 나올 때 아이가 Farm 이미지를 보고 있어야 한다. 그래서 나중에 "Old Macdonald Had a Farm" 노랫말이 나오면 그 즉시 아이 머릿속에 오리도 있고 맥도날드 아저씨도 있는 그 헛간 이미지가 바로 떠올라야 하는 것이다. "사탕 줄까?" 하면 '사탕' 이미지가 바로 떠오르듯이 소리를 들으면 바로 떠오르는 것이 가장 중요하다.

그동안 너무도 당연해서, 소리에 뜻이 담겨 있고 그 뜻은 그에 맞는 상황 속에서 배울 수 있음을 깊이 생각해보지 않았을 것이다. 엄마들은 누워 있는 아기한테 "엄마야 엄마~. 오구오구 똥짜쪄요?" 하면서 자꾸 말을 시킨다. 이때 아이가 "엄마"라는 소리가 뭘 뜻하는지 알 거라는 전제 하에 말을 걸었을까? 언젠간 '눈앞에 있는 이 사람을 엄마라고 하는구나~'라고 깨닫게 될 거라 생각하고 계속 "엄마"라는 소리를 들려주면서 말을 걸었을 것이다.

또 모든 말은 상황에 맞게 해야 하며 그랬을 때 비로소 그 소리가 어떤 뜻을 갖고 있는지 알 수 있다. 엄마니까 "엄마야 엄마~"라고 하고 똥을 쌌을 때 "똥짜쩌요?" 한다. 엄마가 아기를 바라보면서 "아빠야 아빠~"라고 하지 않고 졸려서 눈감길 때 "똥짜쩌요?" 하지 않는다. 아이에게 심부름을 시킬 때 냉장고를 가리키며 "냉장고에서 물 꺼내 오세요~" 하지 장롱을 가리키며 "물 꺼내 오세요~" 하지 않는다.

갓난아이에게 이해하길 바라며 말을 건 게 아니듯이, 아이가 알든 모르든 영어소리의 의미를 나중에라도 깨달을 수 있도록 상황 속에서 들려줘야 하는 것이다.

만약 영어회화 실력이 뛰어나서 상황에 맞게 그때그때 말을 해줄 수 있다면 분명 도움이 될 것이다. 그러나 막힘없이 상황에 걸맞은 말을 해주는 건 영어회화 실력과 더불어 순발력도 있어야 하는 데다 모든 상황이 '집 안'에서만 일어나는 것도 아니기 때문에 '영어책 속 상황'으로 영어소리를 듣는 것이 효과적이다.

영어책 속 소녀가 꽃향기를 맡는 장면을 보면서 "smell[스멜]"이라는 소리를 듣는 것이 중요하다. 무작정 smell을 공책에 적으면서 '스멜은 냄새 맡다, 스멜은 냄새 맡다' 이렇게 익힐 일이 아니다. 무슨 의미인지도 모른 채 아무 상관없는 상황 속에서 무작정 "smell"이란 소리를 반복해서 들을 일도 아니다.

첫째아이에게 "smell"이란 소리를 들으면 뭐가 떠오르는지 물어보니 '냄새 맡다'가 아니라 '방귀 끼고 키득거리는 동생' 모습이 떠오른다고 했다. 감이 오는가?

"삐뽀삐뽀" 구급차 소리를 들으면 '급한 환자가 있나 보다 비켜줘야지'라고 떠오르듯이 무슨 소리를 들으면 어떤 이미지와 생각이 떠오르는 것이 가장 중요하다. "triangle[트라이앵글]"이란 소리를 들으면 '삼각형'이란 한글이 떠오르는 게 아니라 그냥 세모 모양 자체가 떡하니 떠오르는 것이 소리와 이미지 매칭의 진짜 효과다.

╴〉 글자집중듣기를 위해 〈╴

그림집중듣기가 중요한 두 번째 이유도 첫 번째 이유만큼 중요하다. 바로바로 '글자집중듣기'의 초석이라는 점이다. 엄마표 영어를 진행하는 집집마다 최종 목표는 다르겠지만 그 어떤 집도 영어책 속의 '그림'만 보는 아이로 만족하진 않을 것이다.

아이가 어릴 때는 엄마가 한글책을 읽어주겠지만 한글을 깨치면 아이가 직접 읽게 하지 않는가. 결국 책을 혼자서 읽고 그 글자의 뜻, 행간의 의미까지 이해해야 책의 주제도 찾을 수 있고 작가의 의도와 교훈도 얼을 수 있지 않던가. 영어책도 마찬가지다. 아이가 혼자 영어책을 읽게 해주기 위해 알파벳 음가도 알려주는 것이다.

지금은 초반이라 영어 떼기가 당장 급한 일은 아니겠지만, 결국엔 하게 될 것인데, 그 과정으로 넘어갈 때 '그림집중듣기'는 매우 큰 역할을 한다. 지금은 그림을 보면서 소리와 매칭을 하지만, 나중에는 글자를 보면서 소리와 매칭을 하게 되는데 그것이 바로 '글자집중듣기'다. 더 나중에는 그림이 줄어들고 글자가 많아질 것이고 나중에는 그림이 거의 없는 상태로 글자만 있는 영어책도 보게 될 것이다.

그런데 보통 엄마표 영어 육아서에서 '집중듣기' 방법으로 '글자를 포인팅하기'를 알려주기 때문에 엄마표 영어를 진행하던 엄마가 집중듣기에서 많이 무너지게 된다.

'그림집중듣기'라는 과정을 거치지 않은 채 곧바로 '글자집중듣기'를 하게 된 아이의 입장을 한번 살펴보자. 한 문장짜리 리더스북이라면 그나마 나은데 글자가 빽빽한 '챕터북'으로 시작했다면 이건 정말 고문도 이런 고문이 없을 것이다. 책도 낯설고 영어소리도 낯선 아이에게 글자는 더 낯설 것이라는 생각을 해야 한다.

그림집중듣기를 어릴 때부터 해온 아이라면 어떨까? 이미 영어그림책을 많이 접했으니 책이 낯설지 않을 것이고, 그림집중듣기를 해서 영어소리도 낯설지 않을 것이다.

이제 '그림'에서 '글자'로 눈을 돌리는 일만 하면 되기 때문에 글자집중듣기가 수월해지는 것이다. 그림집중듣기를 하면서 '영어소리'에는 뜻이 담겨 있음을 이미 알고 있기 때문이다.

게다가 책을 한 장 한 장 넘기면서 서론, 본론, 결론으로 쭉 치달아가는 그림책의 '형식'에 익숙해져 있기 때문에 글자집중듣기를 하면서도 '스토리'를 염두에 두고 듣게 된다.

그림집중듣기를 하면서 반복되는 그림이 주인공이고 반복되는 소리가 주제라는 걸 익혔기 때문에 '글자집중듣기'를 할 때도 반복적으로 나오는 글자를 허투루 보지 않을 것이다.

다음 페이지로 넘어갈 때 장면 그림이 일일이 나와 있지 않아도 그림과 그림 사이에 어떤 일이 벌어졌을지 예상하면서 읽어왔기 때문에 나중에 행간의 의미도 파악할 줄 알게 된다. 한마디로 영어책을 전체적으로 볼 줄 아는 것이다.

백번 강조해도 모자랄 만큼 중요한 그림집중듣기

영어 그림책을 한 장 한 장 넘기면서 소리에 맞춰 이미지를 보여주는 것은 CD에서 나오는 영어소리의 참뜻을 알려주는 '소리의 의미화 작업'이라고 할 수 있다. 이 작업은 나중에 글자집중듣기에까지 큰 영향을 주는 중요한 작업이다.

영어소리를 들으면 한글 해석과정 없이 바로 이미지가 딱 떠오르는 상태가 되어야 한다. 토끼가 나오는 장면을 보면서 "래빗"이라는 소리를 듣게 해주는 게 중요하다. 뱀 이미지를 보면서 "래빗"이라는 소리를 들어봐야 아무 소용이 없다.

그림집중듣기를 했던 책을 다음 날 아이가 놀 때든 밥 먹을 때든 잘 때든 틀어주면(흘려듣기) 아이의 머릿속에는 들리는 소리에 맞는 책 속 이미지가 떠다닐 것이다. 그림집중듣기를 했던 CD로 흘려듣기를 해줬을 때 흘려듣기도 의미가 있는 것이다.

둘째아이가 디즈니 〈카3〉를 좋아해서 영화로도 책으로도 여러 번 봤던 적이 있다. 어느 날은 아이가 책상에 가만히 앉아서 〈카3〉 CD를 듣고 있는 것이 아닌가.

그래서 "민준아~, 뭐해?" 하고 물어봤더니 "응. 〈카3〉 봐~"라고 대답했다. 다른 사람이라면 "〈카3〉 듣고 있어"가 아닌 "〈카3〉 보고 있어"라는 말을 이해 못했겠지만 나는 뭔지 알 것 같았다. 뭔가 생각하고 있는 듯한 아이의 눈빛. 〈카3〉 CD를 들으면서 자신이 봤던 장면을 떠올리고 있는 것이 분명했다.

영어소리를 상황 속에서 들으면 아이는 저절로 그 뜻을 깨닫는다. 영어 그림책 속에는 스토리 안에서 여러 가지 상황을 담고 있다. 아래는

『No, David!』 책 속 장면이다.

"Don't play with your food!"는 어떤 장면을 보면서 들어야 할까? 왼쪽 장면이다. 장난감이 가득한 장면을 보면서 food라는 소리를 들으면 안 된다. 마찬가지로 "Put your toys away!"는 오른쪽 장면을 보면서 들어야 하지 음식으로 장난치는 장면을 보면서 들으면 안 된다.

don't가 무슨 뜻이고 play가 무슨 뜻이고 your는 뭐고 food는 뭐고…. 아이가 각각의 뜻을 알기 바라는가? 문장을 제대로 해석해내길 바라서 '하지 마. 데이비드! 음식 갖고 장난치지 마!'라고 바로바로 해석해주는 일이 없길 바란다.

장면만 봐도 충분히 알 수 있다. 장면을 보면서 아이가 유추해낼 수 있게 해주자. 앞에서 일어난 상황에 비추어서 이번 장면을 보고 있기 때문에 유추해낼 수 있다.

그리고 아이들은 우리가 생각하는 것보다 그림들을 꼼꼼히 본다! 이미 영어 CD에서 나오는 소리가 어떤 뜻인지 그림이 설명해주고 있으니 굳이 해석해줄 필요가 없다.

아이가 해석을 요구한다면 차라리 "데이비드 저러다가 또 엄마한테 잔소리 듣겠는데? 너라면 데이비드한테 뭐라고 말해줄 거야?" 이런 식으로 대화를 하는 것이 낫다. 그리고 무엇보다 바로바로 해석을 해주면 아이는 영어소리를 들을 필요가 없다고 생각한다. 어차피 한국어가 엄마 입에서 나올 거기 때문에….

그림집중듣기 방법이 한 장 한 장 책장만 넘겨주는 방식이라 굉장히 쉬워 보이지만, 이 쉬운 행동이 사실 엄~청 중요한 행동이라는 사실을 명심했으면 한다. 100번 강조해도 지나치지 않을 정도다.

잊지 말아야 할 것은 아이에게 영어소리를 들려주되 상황에 맞는 영어소리를 들려주는 것이다. 그 상황이라는 '그림'을 책 속에서 보면서 영어소리를 듣는 것이 의미 있는 영어소리 들려주기다.

'그림집중듣기'했던 CD를 '흘려듣기'해주거나 아이에게 책속의 아무 장면이나 세이펜으로 누르게 하고 엄마가 해당 장면을 찾는 게임을 해보세요. 엄마가 틀릴수록 좋아할 거에요.

셋째 주말
무료사이트 키즈클럽만 알면
놀이효과 두 배

첫째 주말에 영어 동요를 틀고 흘려듣기를 했다. 둘째 주말에는 그림집 중듣기를 했다. 셋째 주말에는 키즈클럽이라는 무료 사이트를 활용하여 독후활동을 해보자. '독후활동'이란 말에 너무 겁먹지 말자. 그냥 '이렇게도 해줄 수 있구나' 하면서 엄마도 아이와 함께 경험해본다는 느낌으로 접근하자.

둘째 달에는 주제별 독후활동을, 셋째 달에는 워크북 활용을 할 것이므로 이번 활동은 워밍업 정도로 생각하면 된다. 사이트에 들어가서 구경도 해보고, 프린트도 직접 해본다. 아이도 '가위로 오리고 풀로 붙이는 활동이 어린이집에서만 하는 게 아니고 집에서 영어책을 보고서도 할 수 있구나' 하고 생각할 것이다. 무엇보다 엄마랑 아이랑 마주 앉아서 꼬물꼬물 뭔가를 함께 만들어보는 시간 자체가 소중한 게 아닐까.

⇀ 키즈클럽 파고 또 파기 ↽

셋째 주말 목표는 '영어책을 보면 재미난 일이 생긴다!'라는 생각이 떠오르게 해주는 게 목표다. 영어책을 보니 춤을 추고 영어책을 보니 만들기도 하고…. 영어책을 보니 자꾸만 재미난 일이 일어난다는 것을 아이가 알게 되면 아이의 그다음 행동은 불 보듯 뻔하다.

아이들은 놀이의 귀재다. 아니, 놀기 위해 태어났다. 어제도 내일도 없다. 당장 재밌으면 된다. 엄마표 영어 초반에 영어단어 하나, 영어발음 하나, 영어해석 하나에 목숨 거는 행동만 하지 않는다면 누구나 성공할 수 있는 이유가 바로 이렇게 '놀이'로 접근하기 때문이다.

키즈클럽이 아니더라도 무료 사이트는 많지만 우리는 엄마표 영어 초보이니 키즈클럽 다 활용하고 다른 사이트를 알아봐도 충분하다.

키즈클럽의 [STORY & PROPS] 폴더를 클릭한 후 [NEXT]를 누르면서 뒤로 넘겨보면 『Dry Bones』를 비롯 『Dear Zoo』, 『Silly Sally』, 『Piggies』, 『I'm the Best』, 『We're going on a Bear Hunt』, 『Go Away, Big Green Monster』, 『Rosie's Walk』, 『Chicka Chicka Boom Boom』, 『Dinosaur Roar!』, 『Today Is Monday』, 『Five Little

[CRAFTS] 폴더

Farm Animals
B&W / Color

① 키즈클럽(www.kizclub.com) 접속
② [CRAFTS] 폴더 클릭
③ Farm Animal 클릭
   [흑백과 컬러(B&W / Color) 선택 가능]
④ pdf 파일 프린트

키즈클럽

노부영『Old Macdonald Had a Farm』책을 본 뒤에 Farm Animal 자료를 활용하자. 별 거 없다. 프린트해서 오리고 붙여서 만들면 된다. 만드는 방법도 다 나와 있다. 아무거나 프린트해서 놓아주는 게 아니라 해당되는 책과 연관 있는 자료를 사용한다는 것을 기억하자.

[STORY & PROPS] 폴더

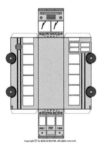

① 키즈클럽(www.kizclub.com)에 접속
② [Storybook & Patterns] 폴더 클릭
③ School Bus: Craft 클릭
④ pdf 파일 프린트

키즈클럽

키즈클럽 사이트에서 [STORY & PROPS] 폴더도 클릭해보자. 노부영『School Bus』라는 책 표지가 보인다. [Craft]를 클릭하면 노란 스쿨버스 만들기 도안이 나온다. 프린트해서 오리고 붙이면서 놀면 끝이다.

Monkeys Jumping on the Bed』, 『Down by the Station』, 『Who stole the cookies from the cookie jar?』 등 노부영 관련 워크시트가 있다. 노부영 외에도 유명한 영어 그림책에 해당되는 워크시트를 무료로 제공하고 있으니 이것저것 프린트해서 활용해보자.

아이가 Farm Animal을 줄줄 외우는 게 목표가 아니다. 앞으로 영어책을 매일 보게 될 텐데 영어책에 대한 이미지가 어떠해야 좋을까? '영어책은 재미난 거!', '주말은 엄마랑 재미난 책놀이하는 날!'이라고 점점 각인되면 아이가 영어책을 안 봐서 걱정이 아니라 너~무 꺼내 와서 걱정인 날이 올 것이다.

책과 놀이를 연결하는 게 핵심

아이와 함께 노부영 독후활동을 하면서 '영어로 대화해야 하는 것 아닌가?' 하는 부담감은 갖지 않아도 괜찮다. 영어로 대화하는 것에 너무 포

『The Very Hungry Caterpillar』 책놀이

인트를 두지 않아도 된다. 나도 그랬다. 영어로 대화하는 것을 잘해줄 수 있다면 당연히 해주면 좋겠지만 그게 아니라면 재미만 반감될 수 있으니 주의하자.

놀기 전에 그림집중듣기가 된 책이라면, 놀이 도중이나 놀고 난 뒤에 흘려듣기를 해줄 거라면 CD를 활용해도 영어소리는 쌓인다. 영어를 많이 사용하지 않아도 아이는 지금 하는 놀이가 방금 본 책과 상관있는 놀이라는 걸 알기 때문에 이미 많은 작용이 일어나고 있을 것이다.

부득이하게 프린트기 사용이 어려울 때는 독후활동을 어떻게 해야 할까? 엄마의 손이 있지 않은가. 책 속에 나온 주인공(토끼, 애벌레, 강아지 등)만 종이에 그려서 색칠해줘도 애들은 엄청 잘 논다. 집에 있는 인형을 이용해도 좋다.

어차피 아이랑 놀아야 하는 것이 부모의 숙명 아니던가. 어차피 놀아야 하는데 책놀이를 해준다고 생각하자. 어차피 책놀이를 해주는 건데 한글책도 영어책도 책이니까 굳이 구분하지 않고 다 활용해서 놀아준다고 생각하자. 그리고 키즈클럽은 무료니까 마음껏 활용하자.

주말에 만든 아이 작품을 잘 보이는 곳에 전시해주세요. 아이가 또 놀자고 하면 그때가 기회예요. 해당 CD를 틀어놓고 놀아주세요.

마무리 주말
얼마나 놀았나 체크! 주말 1시간만
잘 놀았어도 오케이!

'3-3-3 엄마표 영어'의 첫째 달이 마무리되었다. 첫째 달은 '노부영'을 활용한 달이었다. 첫째 주말에는 노부영 CD를 '흘려듣기'하면서 신나게 춤을 추고 해당하는 책이 딱 떠오르는 게 목표였다. 둘째 주말에는 책장을 한 장 한 장 넘기면서 '그림집중듣기'를 해주었다. 셋째 주말에는 무료 사이트 키즈클럽을 활용해서 간단한 독후활동도 해보았다. 흘려듣기, 그림집중듣기, 간단한 독후활동 이렇게 세 가지를 노부영 책으로 진행해보았다.

놀이를 통한 배움은 최고의 학습법

이쯤 되면 한 가지 생각이 떠오를 것이다. '이렇게 책놀이만 해서 영어 말문은 언제 어떻게 트지? 놀기만 한 것 같은데?' 이러한 질문은 엄마들이 그동안 책상에 앉아서 뭔가 쓰고 외우고 했던 방식으로 공부했기 때문에 드는 생각이다.

그런데 잠깐만 더듬어 생각해보면 아이랑 놀기만 했는데도 아이가 배운 것이 많이 있지 않은가? 친구들과 미끄럼틀을 타면서도 차례를 지키는 법, 기다리는 법도 배운다. 마찬가지다. 놀기만 한 거 같은데 분명 학습이 아닌 이해와 습득으로 남아 아이 안에 자리 잡는 진정한 배움이 될 것이다.

핀란드, 스웨덴, 덴마크 선진국의 놀이교육에 대해 들어봤을 것이다. 사실 책 한 권을 두고 사회영역, 미술영역, 국어영역, 체육영역 등 다양한 영역을 아우르며 생각을 확장시켜주는 것은 최고의 학습법이다. 놀이를 통한 배움은 완전 고차원 학습법 중에서도 내 아이 맞춤형 최고의 학습법이니 자부심을 가져도 좋다.

또한 책읽기와 회화가 상관이 없다고도 생각할 수 있는데 우리가 듣기, 문법, 회화, 독해. 쓰기 등 파트를 나누어 영어공부를 하게 된 이유를 생각해보자. 아마도 토익토플과 학교 시험의 영향이 클 것이다.

자신이 '한국어'를 어떻게 배웠는지를 한번 생각해보자. 그리고 내 아이에게 한글책을 어떻게 접하게 해주고 있는지도 한번 생각해보자. 아이가 한글을 전혀 몰랐어도, '엄마'라는 말조차 하지 못했어도 계속 책을 읽어주고 동요를 틀어주고 말을 건네지 않았던가? "또 쌌어요? 잘했어요~", "배가 고팠어요?", "잘자라, 우리아가~" 이렇게 조잘조잘해줬을 때 문법, 쓰기, 듣기, 말하기 등을 구분하면서 말을 건넸던가? 아이에게 순차적으로 차근차근 영역을 나누어가면서 다가갔는가? 영어도 똑같은 언어인데 배우는 방식이 다를 것이라 생각하는 것이 문제다. 이제 고정관념을 버릴 때다.

⇥ 책에 포커스를 두었을 때 ⇤

'회화'에 포커스를 둔 부모들 중 후회하는 이를 많이 봤다. 귀는 트여서 듣기는 잘하는데 영어책은 싫어한다는 것이다. 회화(듣기, 말하기)에 포커스를 두었다 한들 언젠가는 영어글자(알파벳), 영어책, 영어교재와 만나야 한다. 아이가 어릴 때부터 자연스럽게 한글책, 영어책 구분 없이 보여주자. '책(독서습관)'에 포커스를 두면 듣기, 말하기뿐 아니라 모든 영역이 다 따라온다.

아이들이 보는 영어 그림책 속에 얼마나 많은 회화체 문장이 나오고 고급어휘가 나오는지 알면 놀랄 것이다. 아이들이 보는 영어책 속 문장이 짧거나 쉽다고 해서 결코 우습게 보지 말자. 기초 회화체 문장이 모두 들어 있다. "What do you see?", "How's the weather?", "How do you feel today?", "What color is it?", "I'm hungry.", "So tired." 정도는 기본이다.

그런데 이런 문장들이 그냥 나오는 게 아니라 상황 속에서 제시된다. 창밖에 비가 오는 장면이 나오면서 "How's the weather?", "It's rainy day."라는 문장이 제시된다. 책 속에서 배운 문장이 실제 일상 속에서 무심코 툭 튀어나오는 이유다.

한글책을 많이 읽은 아이들이 독해력만 높은 것이 아니라 생각하는 힘이 커져서 자신의 의견을 써내고 문법적인 오류 없이 다양한 어휘를 구사한다는 것을 알 것이다. 영어책도 책이다. 영어책으로는 단지 '읽기' 부분만 해결된다는 사고방식은 치울 때다.

아이가 어릴 때부터 책을 읽는다. 한글책이다. 그래서 한글로 사고한다. 아이가 어릴 때부터 책을 읽는다. 영어책이다. 그래서 영어로 사고한다. 그냥 그거다. 한국어로 말할 줄 알면 된다고 한글은 안 가르치는가? 영어로 말할 줄 알면 된다고 영어글자를 가르치지 않는다는 것은 말이 안 된다.

아이는 폭넓게 사고할 것이고 다양한 어휘력을 구사할 것이다. 한국어를 들으면 한국어로 사고할 것이고 영어를 들으면 영어로 사고할 것이다. 그러니 DVD만 보여주는 게 아니라 그림집중듣기도 하고 독후활동도 하면서 영어책 속 내용과 친해지게 해주려는 노력을 하는 데 좀더 자부심 가져도 된다.

영어책을 기본으로 하는 엄마표 영어로 '듣기, 말하기, 읽기, 쓰기' 모든 영역을 다 아우를 수 있다. 영어 CD를 틀어주고 춤을 추고, 함께 그림 집중듣기도 하고 독후활동도 하는 이 시간들이 바로 '영어책과 가까워지는 시간'이라는 것, 이 시간들 덕분에 다가오는 시간들이 수월해진다는 것을 잊지 말자.

영어 그림책 요것만 보면 된다!
'노부영 스테디셀러 15와 베스트셀러 15'

노부영 스테디셀러 15

노부영 스테디셀러 15종을 소개합니다. 영어책 선택이 어렵다면 스테디셀러 15종

과 베스트셀러 15종으로 시작하세요.

	책 제목	북레벨	주제
☐	1. A Hole in the Bottom of the Sea	BL 0.9 이하	바다생물, 먹이사슬
☐	2. Bugs! Bugs! Bugs!	BL 0.9 이하	벌레, 자연, 의성어, 의태어
☐	3. The Chick and the Duckling	BL 1.3	아기 병아리, 아기 오리
☐	4. Cleo's Alphabet Book	BL 0.9 이하	알파벳, 고양이 클리오
☐	5. Dear Zoo	BL 0.9 이하	동물, 의성어, 의태어
☐	6. Dinosaur Roar!	BL 0.9 이하	다양한 공룡
☐	7. Five Little Monkeys Jumping on the Bed	BL 1.4	동물, 원숭이, 라임
☐	8. The Little Bear Book	BL 0.9 이하	꼬마 곰, 요술 연필
☐	9. Piggies	BL 0.9 이하	열 마리의 작은 돼지들
☐	10. See You Later, Alligator!	BL 1.4	악어, See You Later 반복
☐	11. Skip through the Seasons	BL 4.6	1월~12월 계절 변화
☐	12. Up, Up, Up!	BL 0.9 이하	열기구, 자연, 여행
☐	13. What Am I?	BL 0.9 이하	과일, 색깔, 추측
☐	14. What's the Time Mr. Wolf?	BL 2.8	늑대, 시계 보기
☐	15. Who Stole the Cookies from the Cookie Jar?	BL 0.9 이하	과자, 숫자, 동물

활동한 책은 표시!

노부영 베스트셀러 15

노부영 베스트셀러 15종을 소개합니다. 영어책 선택이 어렵다면 스테디셀러 15종

과 베스트셀러 15종으로 시작하세요.

책 제목	북레벨	주제
☐ 1. The Animal Boogie	BL 2.8	정글, 야생동물
☐ 2. Dry Bones	BL 0.9 이하	인체, 뼈
☐ 3. Go Away, Big Green Monster!	BL 1.3	괴물, 얼굴
☐ 4. Go Away, Mr-Wolf!	BL 0.9 이하	가족, 직업
☐ 5. The Great Big Enormous Turnip	BL 0.9 이하	크기, 채소, 협동
☐ 6. Hooray for Fish!	BL 0.9 이하	다양한 물고기
☐ 7. How Do You Feel?	BL 0.9 이하	감정
☐ 8. I am the Music Man	BL 0.9 이하	악기연주, 음악
☐ 9. I'm the Best	BL 1.1	자랑, 친구, 배려
☐ 10. Me! Me! ABC	BL 0.9 이하	알파벳
☐ 11. Monster, Monster	BL 0.9 이하	괴물, 직업, 상상
☐ 12. One Gorilla	BL 0.9 이하	고릴라, 숫자, 장소
☐ 13. Walking Through the Jungle	BL 1.5	자연, 동물
☐ 14. We All Go Traveling by	BL 0.9 이하	교통수단, 색깔, 여행
☐ 15. The Wheels on the Bus Go Round and Round	BL 0.9 이하	교통수단, 의성어, 생일

활동한 책은 표시!

4장

둘째 달엔 아이가 좋아하는 주제로 놀면서 영어랑 친해지기

둘째 달에 준비할 것
주제별 영어책 씽씽영어와
책 속 물건들, 놀거리

둘째 달은 씽씽영어 책을 이용해 주제별로 해보는 영어놀이, 즉 독후활동인데 너무 겁먹지 말라는 말부터 해두어야 할 것 같다. 엄마들이 '독후활동'이란 단어에 겁을 내는 이유는 뭔가 많이 준비해야 할 것 같아서, 시간이 많이 걸릴 것 같아서다.

씽씽영어

한마디로 '신경 쓸게 많고 손이 많이 가는 것'이라고 여겨서다. 준비하고 함께 노는 시간에 비해 막상 영어단어나 문장은 몇 개 못 배운 거 같다는 생각도 들 것이다.

게다가 시중에 나온 책을 사서 보여주고, 거기에 딸린 CD를 틀어주고, 이미 있는 사이트에 들어가서 워크시트를 프린트해주었던 첫째 달 활동에 비해 둘째 달 독후활동은 아이디어를 생각해내고 계획을 짜내야 하니 부담일 수 있다.

그래서 독후활동 방법 중에서도 거창하지 않은 아주 간단한 것만 제시하려고 한다. 바로 실행하기 쉬운 것만 차근차근 제시할 테니 미리 걱정하지 말자.

⤙ 독후활동 커닝 페이퍼 ⤚

나도 초보맘일 때가 있었기 때문에 그 마음을 안다. 아무리 멋진 독후활동이라도 막상 따라하려고 하면 어렵다. 준비물이 너무 많으면 실행하기 힘들다는 것도 안다. 나도 처음엔 영어책을 보면서 '이 책으로 뭘 어떻게 놀아주지?' 하고 한참 생각했다.

처음부터 아이디어가 번뜩 떠올랐던 것은 아니다. 처음엔 책에 딸린 가이드북을 보고 또 봤다. 책 뒤표지마다 포스트잇에 색종이놀이, 모래놀이, 노래부르기, 풍선놀이, 물감놀이, 놀이터 다녀오기 등을 적어 붙여두었다. '이 책은 색깔에 대한 내용이네. 클레이 갖고 놀아야겠다'라는 아이디어가 떠오르면 '클레이'라고 적어두는 식이다.

어떤 날은 날 잡고 컴퓨터 앞에 앉아서 '책 제목+ 독후활동'이라고 검색해서 괜찮은 영어놀이 TIP들을 메모해두기도 했다. '엄마표 영어'는 벌써 20년이란 역사를 갖고 있다. 그만큼 컨닝할 자료도 많다. 선배맘들의 반짝이는 아이디어를 모방해도 좋다. 중요한 건 해보는 것이다.

─; 모든게놀이거리 ;─

시간이 지나면 미리 생각해두지 않아도 책만 보면 바로바로 아이디어가 떠오르기도 하고 집 안 물건만 봐도 아이디어가 떠오르게 된다. 아마 휴지심, 페트병을 버리지 못하고, 문구점을 그냥 못 지나치는 자신을 발견하게 될 것이다.

국수를 삶으면서 '어? 이걸 검은색 도화지에 붙이면서 rainy day 해줘야겠다', 벚꽃이 흩날리는 모습을 보면서 '어? 이걸 검은색 도화지에 뿌리면서 snowy day 해줘야겠다'라고 생각하는 내 모습에 빵 터진 적도 있다. 약병에 물감을 타서 color놀이를 해줘야겠다고 생각한 날 밤에는 물감을 사는 꿈도 꿨다.

나만 그런게 아니라 아이도 어린이집 들어가는 길에 "엄마~, 오늘은 뭐 준비해놓을 거야?"라고 물어볼 정도였다. 나중엔 아이도 엄마도 기다리는 시간이 된다. 책을 좋아하지 않는 아이라도 놀이가 쌓이다 보면 어느 날 반드시 책을 좋아하는 아이로 변해 있을 것이다. 책을 볼 때마다 엄마랑 재미난 놀이를 하게 되니 자꾸 책을 꺼내올 것이다.

꼭 책을 읽은 후에 놀이를 해주는 '독후'활동이 아니어도 된다. '독전' 활동으로 순서를 바꾸어도 좋다. 재밌게 놀다가 지금 우리가 노는 내용이 이 책 속에 들어 있다고 알려주는 식으로 말이다.

주의할 점은 독후활동이든 독전활동이든 놀이만으로 끝내지 말고 '영어책'과 연계해주어야 한다는 점이다. 전날 엄마와 놀았던 놀이거리를 보고 해당되는 책을 빼올 수 있을 정도의 연계 말이다.

'놀이'가 포인트가 아니라 놀이처럼 재미있는 '책놀이', 특히 '영어책놀이'가 포인트라는 것을 잊지 말자. 엄마표 영어를 하다가 큰 그림을 잊고 중간 그림에 푹 빠져버리는 엄마를 많이 봤다. 나도 그랬다. 어느 순간이 되면 아이랑 노는 게 너무 재밌어서 엄마가 더 신이 나거나 교구 만드는 데 집중하는데 우리는 기준을 붙잡고 있어야 한다.

둘째 달에 독후활동을 하려는 이유를 잊지 말자. 우리의 포인트는 뭐다? 아이가 '어? 영어책을 보니까 재미난 일이 일어나네?'라고 생각할 수 있게 영어책놀이를 하는 것이다.

나중에 아이가 외국인을 만나도 겁내지 않고, 두꺼운 영어소설도 휴식시간에 읽고 있고, 어려운 수능영어 독해문제집도 술술 풀게 되는 날을 그리며 영어에 대한 좋은 이미지를 심어주자. 아이에게 영어책보는 것이 당연해지는 그날, 습관이 잡히는 그날을 꿈꾸면서 큰 그림을 잊지 말고 요이 땅!

다음은 우리가 이번 3-3-3 엄마표 영어 둘째 달에 씽씽영어로 놀아볼 주제다. 아이가 일상 속에서 가장 접하기 쉬운 개념이며 가장 기본이 되는 주제다.

구분	주제A	주제B
첫째 주말	가족	신체
둘째 주말	날씨	색깔
셋째 주말	도형	숫자

주말마다 두 가지의 주제별 영어놀이를 제시해두었지만, 아이가 소화할 수 있는 양만큼만 해주길 권한다. 반드시 두 가지를 모두 할 필요는 없다. 두 주제 중 한 가지만 해도 되고 한 가지의 주제를 두고 여러 방식의 놀이를 해줘도 된다.

첫째 주말 주제A 가족
장난감에 가족사진을 붙이면 단어랑 친해져요

	활용할 책	This is my family.
	목표	가족명칭 익히기
	배울 단어	mommy, daddy, brother, sister, grandpa, grandma, love, family
	배울 패턴	This is my~
본문		This is my mommy. This is my daddy. This is my brother. This is my grandpa. This is my sister. This is my grandma. I love my family.

CD 틀고(세이펜을 켜고) CD소리에 맞춰 책을 같이 본다(그림집중듣기). 혹은 한 문장씩 따라 말해본다. 유아라면 발음 자체보다 인토네이션 억양을 고쳐주는 것을 추천한다. 더 좋은 것은 고쳐주는 것보다 그냥 옳은 발음을 계속 들려주는 것이다.

♥ **엄마가 해주면 좋은 말**

• Who is this?

• This is my uncle. It's me!

거창한 영어대화를 나눌 필요는 없다. 이미 책을 보면서 문장을 보고 익혔다. 우리는 지금 엄마표 영어 초반에 있지 않은가. 포인트는 '아이와 재미있게 놀기'와 '아이가 영어책에 거부감을 갖지 않기'이지 영어 문장하나 더 외우게 하는 것이 아니다. 명심하자.

★ 초간단 놀이 ★ **책 속 가족 그림 위에 가족사진 올리기**

이때 "It's my family photo."라고 말하며 놓으면 좋다. 구체적으로 말하면, "This is my daddy."가 나오는 장면에서 아빠 사진을 책 속 아빠 그림 위에 올려놓고, "This is my mommy."가 나오는 장면에서 엄마 사진을 책 속 엄마 그림 위에 올려놓는 식이다. 사진은 꼭 인화하지 않아도 된다. 컬러 프린터로 출력해 간단히 놀아주자.

패밀리트리 만들기

색도화지를 이용해 나무 모양을 만들고 가지 끝마다 가족 얼굴을 붙여주자. 마치 사과나무에 열린 사과처럼 가족나무에 가족이 열리게 한다. 같은 뿌리와 같은 나무 몸통에서 가족열매가 열렸다는 사실만으로 아이는 공동체, 소속감, 안정감을 느낄 수 있다. Under the Tree라고 쓰고 나무가 뿌리내린 땅속도 만들어주면 겨울잠 자는 동물들(bear, frog, snake, racoon)도 함께 배울 수 있다.

♥ 엄마가 해주면 좋은 말

• Let's make a family tree.

우리 가족은 몇 명일까?

주제별 영어를 숫자로 확장 가능하다. 남자는 몇 명이고 여자는 몇 명인지, 어른은 몇 명이고 아이는 몇 명인지 계산기를 두드려 보아도 좋다.

♥ 엄마가 해주면 좋은 말

- How many family members do you have?

- There are four people in our family.

손가락에 가족사진 붙이고 영어노래 부르기

아이 장갑이나 일회용 장갑 손가락 끝에 가족사진을 오려 붙이고 영어노래를 부른다. 사진이 없을 땐 그림을 그려서 해도 괜찮다.

♥ 엄마가 해주면 좋은 말

- Mommy finger~ mommy finger~ Where are you? ♪

- Here I am. Here I am. How do you do~ ♬

아이가 좋아하는 장난감에 가족사진 붙여서 놀기

탈것을 좋아하는 아이라면 기차나 버스에 창문을 만들고 가족사진을 붙여서 태우고 어디론가 떠나는 놀이를 해도 좋다.

♥ 엄마가 해주면 좋은 말

- Where are you going?

사진 뒤에 빨대나 나무젓가락을 붙여서 손에 쥐고 온 집 안 돌아다니기

집에 있는 사물의 이름도 익힐 수 있고 위치 전치사(on, ubder, beside, near, behind, between)도 익힐 수 있다. 만약 슈퍼마켓, 놀이터, 도서관, 병원과 같이 아이와 자주 가봤던 곳의 배경판이 있다면 역할극을 해보기 좋은 주제다.

매칭, 매칭, 매칭!

사진으로 끝나는 것이 아니라 엄마 사진을 엄마 몸이나 얼굴에, 아빠 사진을 아빠 몸이나 얼굴에 붙여보게 해주자. 스카치테이프나 양면테이프 모두 다 가능하다.

입장 바꿔 생각해봐~

사진을 크게 인쇄해서 가면을 만들고 아이는 엄마 가면을, 엄마는 아이 가면을 쓰고 상대방이 되어 이야기를 나눠보자. 아이가 따라하는 엄마 말투에 흠칫 놀랄 수도 있고 몰랐던 아이 속마음을 알게 될 수도 있다.

펭귄 가족

진짜 가족사진이 아닌 동물 가족으로 주제 놀이를 할 수 있다. 아이가 좋

아하는 동물로 해주면 좋다. 나는 첫째아이와 휴지심으로 펭귄가족을
만들었다. 아직 둘째가 태어나기 전이라 아빠펭귄, 엄마펭귄, 예준펭귄
이렇게 세 마리의 펭귄을 만들었다. 휴지심, 색종이, 풀, 가위만 있으면
된다. 크기를 달리해서 big, small 같은 크기 관련 어휘도 익힐 수 있고
눈이나 날개를 붙이면서 신체 명칭도 익힐 수 있다.

연계독서

가족 관련 다른 책(한글책이어도 좋다)을 함께 본다. 동물백과를 꺼내서 동
물가족을 누가 더 빨리 찾나 게임을 해도 좋다.

가계도 그려보기

아빠와 엄마가 만나서 자기가 태어난 것처럼 친할아버지와 친할머니가
만나서 아빠가, 외할아버지와 외할머니가 만나서 엄마가 태어났다는 것
을 알려주자. 엄마에게도 엄마가 있다는 것을 알려주는 거다.

♥ 엄마가 해주면 좋은 말

• Let's make a pedigree chart.

┃ 함께 보면 좋은 책 ┃

Daddy and Me

Pete's a Pizza

Love You Forever

Titch

My Wild Family

Whose Baby Am I?

My Brother

It's Okay To Be Different

Me and My Family Tree

The Snow Globe Family

평일 엄마표 영어 TIP

셋째 달의 평일 엄마표 영어 TIP은 모두 같아요. 주말에 활용한 책을 독서대나 식탁 위에 그냥 놔두세요. 머리맡에 두고 잠들기 전에 볼 수 있게 해도 좋아요. 관련 CD를 밥 먹을 때, 놀 때 등 일상생활 중에 흘려듣기해주면 주말에 놀았던 기억이 새록새록 나면서 저절로 복습이 돼요. 아이가 원하면 했던 놀이를 또 해도 좋고, 확장놀이를 참고해서 같은 주제를 확장해줄 수도 있지만 평일에는 너무 무리하지 마세요.

첫째 주말 주제B 신체
책 속 상황을 따라하면
문장이 기억돼요

활용할 책	I'm washing myself
목표	신체 명칭 익히기
배울 단어	hands, arms,feet, legs, hair, face
배울 패턴	I'm washing my~
본문	I'm washing my hands. I'm washing my arms. I'm washing my feet. I'm washing my legs. I'm washing my hair. I'm washing my face. I'm clean. Oh, no!

CD 틀고(세이펜을 켜고) CD소리에 맞춰 책을 같이 본다. 혹은 단어카드
를 함께 읽는다.

♥ 엄마가 해주면 좋은 말

- Touch Your Nose.

- Dirty.

- Look at my head.

- One nose, two legs.

★ 초간단 놀이 ★ **때타월로 인형 몸 빡빡 닦아주기**

집에 때타월이 없는 집은 없을 것이고 인형 없는
집도 드물 것이다. 때타월과 인형만 있으면 정말
초간단 놀이가 가능하다. 인형 몸을 구석구석 닦
아주면서 책 속에 나왔던 문장을 말해보기만 해
도 훌륭한 독후활동이 된다. 아이가 좋아하는 인형이라면 금상첨화다.

★ 확장 놀이 ★

욕조 안에서 책을 보며 때타월로 인형 닦아주기

물에 젖어도 되는 재질의 인형을 선택하자. 아이가 좋아하는 인형이면

더욱 좋다. 욕조 안에서 때타월로 인형을 닦아주면서 닦는 곳의 명칭만 바꿔 가며 말해보도록 한다. "Washing the doll."

『I'm washing myself』는 목욕하면서 보기만 해도 도움이 되는 책이다. 튜브 재질로 되어 있고 누르면 삑삑 소리가 나기 때문에 아이가 욕조에 들어갔을 때 활용해주기 좋은 책이다.

엄마가 말하는 곳 잘 듣고 닦아보기

A4용지에 책 속 신체 그림과 비슷하게 그려 넣고 각각의 신체 명칭도 적어준다. 때타월 모양을 만들어 아이 손에 쥐어준 뒤 엄마가 말하는 곳을 닦아보게 한다.

♥ 엄마가 해주면 좋은 말

• Washing your face!

도장 찍기 놀이

2번 놀이에서 만든 A4용지를 재사용하는 놀이다. 집에 있는 아무 도장이나 쿵쿵 찍으면 되는데, 엄마가 말하는 곳에 찍게 해도 되고 아이가 찍는 곳을 엄마가 말해줘도 된다. 같은 방식으로 스티커 붙이기를 해도 좋다.

♥ 엄마가 해주면 좋은 말

• You stick it on your nose.

반찬 얼굴 만들기

접시 위에 반찬들로 눈썹, 눈, 코, 입, 귀를 만들고 엄마가 말하는 부위를 먹으면 끝이다. 초콜릿이나 과자로 하면 더 좋아한다.

미니북 만들기

정말 별거 아니지만 아이 이름이 적혀 있는 미니북을 만들어주면 좋아한다. 안에 문장을 꼭 쓰지 않아도 되고 신체부위 그림만 그려도 무방하다. 자기가 만든 책이라면서 한 장 한 장 넘기면서 잘 볼 것이다.

♥ 엄마가 해주면 좋은 말

• Let's make a mini book!

하~얀 지점토로 사람 모양이나 로봇 모양 등을 만들고 그 위에 물감으로 색을 입혀보자. 손가락으로 톡톡톡 묻혀도 좋다. 물감 묻는 것도 모래 밟는 것도 싫어하는 예민한 아이에게 더러워지는 기회(?)를 제공해줄 수 있다.

로봇만들기

집에 있는 재활용품들을 다 모아보자! 페트병으로 팔을 만들지 다리를 만들지, 휴지심으로 목도 만들지 이런저런 얘기를 나누면서 만들기 재료를 준비하며 영어단어를 익힐 수 있다. 각각의 부위를 붙이면서 "띠리리리~ 띠리리리" 로봇소리를 내주면 더 좋다.

♥ 엄마가 해주면 좋은 말

• Let's make a robot.

파리잡기놀이

커다란 전지를 바닥에 깔고 아이를 눕히자. 아이 몸을 따라 신체의 틀을 그린다. 그려진 신체부위에 파리가 앉았다면서 파리를 그려 넣어주자.
파리채를 들고 탁탁 잡아주면서 놀면 끝이다.

♥ 엄마가 해주면 좋은 말

• Let's catch fly!

관련 영상 보기

EBS 〈신나는 과학애니메이션 WHY(영어)〉에서
'The Human Body'편을 찾아서 시청한다. EBS에
서 무료로 제공하는 콘텐츠로 사람 신체의 내부(심장,
위, 간, 혈관 등)를 볼 수 있는 영상이다.

신나는 과학
애니메이션 WHY

연계 독서

첫째 달에 활용한 노부영을 연계해 읽는다. 씽씽영어 『I'm washing
myself』로 신체 명칭을 익힌다면 노부영 『The big green monster』로
는 얼굴 명칭을 익힐 수 있다. "Go away~"라는 표현도 익힐 수 있고 색
을 나타내는 단어도 함께 익힐 수 있는 책이다.

함께 보면 좋은 책

**Ten
Tiny Toes**

**Your
Nose!**

**My Silly Body
and Book**

**Everybody
Has a Body**

**Hair
Love**

**My
body**

**Me and My
Amazing Body**

**Here Are My
Hands**

**Brilliant
Body**

**Hug
Me**

둘째 주말 주제A 날씨
풍선과 우산으로 날씨를
표현해요

활용할 책	How's the weather?
목표	날씨 표현 익히기
배울 단어	sunny, snowy, raining, cold, hot, rainbow, windy
배울 패턴	How's the weather? It's ~.

본문

How's the weather? It's hot.
How's the weather? It's cold.
How's the weather? It's windy.
How's the weather? It's raining.
How's the weather? It's sunny.
Look! A rainbow!

CD 틀고(세이펜을 켜고) CD소리에 맞춰 책을 같이 본다. 혹은 단어카드를 함께 읽는다.

♥ 엄마가 해주면 좋은 말

- What's the weather like today?
- It's cloudy.

★ 초간단 놀이 ★ **우산놀이**

날씨를 표현하는 말을 색종이에 적어서 우산 안쪽에 붙여주자. 우산을 빙그르르 돌리다가 "STOP!" 했을 때 우산을 멈추자. 앞쪽에 나온 색종이에 적힌 날씨 표현 문장을 함께 읽어보자.

♥ 엄마가 해주면 좋은 말

- Read the sentence.

★ 확장 놀이 ★

풍선놀이

풍선으로 해님을 만들어주자. How's the weather? It's sunny~!

국수로 만드는 Rainy day

검은색 도화지와 삶은 국수만 있으면 된다. 검은
색 바탕에 하얀색 국수가 rain을 표현하기에 안성
맞춤이다.

It's snowy

아이들은 눈 오는 날을 좋아한다. 도화지에 눈사
람을 그려주고 물감을 콕콕 찍어 눈이 오는 모습
을 표현해보자. 검은색 도화지에 하얀색 벚꽃잎
이나 솜뭉치를 올려놓아줘도 눈이 오는 풍경을
완성할 수 있다.

계절 표현도 함께 익히기

계절 변화는 날씨 변화에 영향을 많이 준다.
날씨 표현을 익히면서 Four seasons에 대해
서도 함께 알아보자.

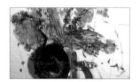

♥ 엄마가 해주면 좋은 말

• What seasons do you like?

• Fall is my favorite season.

▎함께 보면 좋은 책 ▎

Puddle

Ice
Cream
Summer

We're
Going on a
Leaf Hunt

The
Snowy
Day

Hi, Koo!:
A Year of
Seasons

Elmer's
Weather

The Weather
Girls

The Rain
Came Down

Spring
Is Here

The Hidden
Rainbow

둘째 주말 주제B 색깔
색깔 있는 물건을 찾아 말해요

	활용할 책	What color do you want?
	목표	색깔익히기
	배울 단어	pink, red, yellow, green, blue black, white
	배울 패턴	What color do you want?
본문		What color do you want? Abracadabra! Pink! A pink puppy! What color do you want? Abracadabra! Red! A red robot! What color do you want? Abracadabra! Yellow! A yellow yo-yo! What color do you want? Abracadabra! Green! Green grapes! What color do you want? Abracadabra! Blue! A blue blanket! What color do you want? Abracadabra! Black! Blue blocks! What color do you want? Abracadabra! Everything is white!

CD 틀고(세이펜을 켜고) CD소리에 맞춰 책을 같이 본다. 혹은 단어카드
를 함께 읽는다.

♥ 엄마가 해주면 좋은 말

• What color is this?

• Here are different colored paper.

★ 초간단놀이 ★ 색이 들어간 물건 찾기

색이 있는 물건이라면 무엇이든 놀이 재료가 된다. color 관련 활동에서
가장 간단한 놀이는 클레이나 크레파스, 색연필, 색종이 등을 이용하는
활동이다. 색종이를 아이 주변에 둥그렇게 배치하고 엄마가 말하는 색
을 집어 가위로 오리는 놀이를 해도 좋다.

♥ 엄마가 해주면 좋은 말

• Find something blue.

• Cut the black colored paper.

★ 확장놀이 ★

물감놀이

물감놀이는 가장 쉽게 해줄 수 있는 놀이지만 뒤처리가 가장 힘든 놀이

다. 하지만 방법은 다 있다. 약병에 물감을 타서 화
장실에서 뿌리면서 놀거나 아예 커다란 박스 안에
들어가서 마음껏 페인팅할 수 있게 해주는 것이다.

♥ 엄마가 해주면 좋은 말

• "What color do you like?"

색 분류하기

종이컵마다 색을 달리한 뒤 집에 있는 색깔 가
베교구나 색깔카드를 분류해서 담아보자. 색
이 들어간 레고나 블록으로 해도 좋다.

♥ 엄마가 해주면 좋은 말

• Let's put red piece into the cup.

집안 물건에서 색깔 찾기

특정 색을 집에 있는 물건 중에서 찾아본다. 빨간색을 찾아보자.

♥ 엄마가 해주면 좋은 말

• Let's find RED colors!

• Oh! I found it!

엄마가 말하는 색깔의 풍선을 빨리 들어올리는 놀이다.

♥ 엄마가 해주면 좋은 말

• Blue(Green, Yellow) balloon up!

색종이 접기

여러 가지 색깔의 색종이를 이용해서 옷도 접어보고 고리도 만들어보자. 색종이로 접으면서 어떤 색인지 물어볼 수도 있고 다 만든 뒤에 물어볼 수도 있다. CD를 계속 들려주면서 놀아도 좋다.

유리컵에 물감 섞기

유리컵, 물, 물감만 있으면 준비 완료! 물감을 섞으면 무슨 색이 될까?

♥ 엄마가 해주면 좋은 말

• Let's mix red and yellow.

• Wow! It's orange!

셀로판지로 안경 만들기

셀로판지와 두꺼운 종이를 이용해서 안경이나 돋보기를 만들어보자. 셀

로판지를 통해서 다른 풍경을 보는 재미 속에서 색깔을 익힐 수 있다.

♥ 엄마가 해주면 좋은 말

- Let's make a pair of sunglasses. You look great!
- What do you see?

파스텔로 무지개 그리기

전지나 스케치북에 파스텔로 무지개를 그려보자.

♥ 엄마가 해주면 좋은 말

- Drawing a rainbow.

▌함께 보면 좋은 책▐

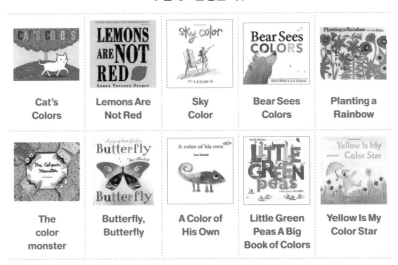

Cat's Colors	Lemons Are Not Red	Sky Color	Bear Sees Colors	Planting a Rainbow
The color monster	Butterfly, Butterfly	A Color of His Own	Little Green Peas A Big Book of Colors	Yellow Is My Color Star

셋째 주말 주제A 도형
집안의 여러 모양을 영어로 말해요

	**활용할 책**	Good Morning, Sky!
	목표	도형 익히기
	배울 단어	sky, sun, cloud, bird, moon, star, shape, triangle, crescent, oval, heart, square, diamond, circle
	배울 패턴	Hello~
본문		Good Morning, Sky! Hello, Sun! Hello, Cloud! Hello, Bird! Hello, Moon! Hello, Stars! Good night.

CD 틀고(세이펜을 켜고) CD소리에 맞춰 책을 같이 본다. 혹은 단어카드
를 함께 읽는다.

♥ 엄마가 해주면 좋은 말

• What shape is this?

• It's a square(circle, triangle).

★ 초간단놀이 ★ 칠교놀이

 칠교놀이교구는 문구점에서 쉽게 구할 수 있다. 색
종이로 오려서 쉽게 만들 수도 있어 간편하다. 칠
교모양에 세모, 네모, 다이아몬드가 나오기 때문에
맞추면서 도형 익히기에 좋다.

♥ 엄마가 해주면 좋은 말

• It's tangram time!

★ 확장놀이 ★

돋보기로 모양찾기

두꺼운 종이로 세모, 네모, 동그라미 돋보기를 만들어서 집에 있는 사물
을 찾는다. 가령 동그라미 돋보기로는 동그라미 사물만 찾을 수 있다.

- Let's make a magnifying glass.

- Let's look around the room.

- Can you find a square?

알록달록 밀가루반죽 도형 만들기

밀가루에 물감을 섞어 반죽하거나 지점토, 클레이, 찰흙을 이용해서 조물조물 모양을 만들어보자. 동그라미, 세모, 네모는 쉬운데 하트나 별을 만들려면 생각보다 집중력이 필요하다.

아이와 도형을 만들고 나서 만든 모양에 눈알 모양을 붙여 도형이 살아있는 듯이 놀아줄 수도 있다.

♥ 엄마가 해주면 좋은 말

- What's your name?

- My name is STAR.

은박지로 뚝딱! 엄마는 마술사!

아이가 보는 앞에서 은박지로 뚝딱 도형을 만들어주자. 은박지로 별모양을 만들어주면 반짝거리는 느낌이라 더 좋아한다.

• Min Joon~! Let's learn shapes!

• Look at carefully.

• What shape is this?

야광별

야광별을 사서 책에 붙여주고 이불을 덮고 들어가서 본다. 참 별거 아닌데도 아이는 까르르 좋아한다. 엄마랑 이불 속에 들어가는 것도 좋아하고 야광별이 반짝이는 것도 좋아한다. 자기 전에 아이 몰래 천장에 붙여준 뒤 불을 끄고 서프라이즈 해주면 금상첨화다. crescent(초승달) 단어도 함께 익히게 해주자.

감자 도장

감자를 반으로 자르고 가운데 부분만 튀어나오게 모양 주변을 깎아주자. star, triangle, oval, heart, square, diamond, circle 등 여러 가지 모양이 가능하다. 튀어나온 부분을 물감에 묻혀 스케치북에 알록달록 찍으면 끝이다.

- These are the potato stamps.

- What shape is it?

- It's a star.

도형으로 얼굴 만들기

 사람인지 몬스터인지 모르겠는 얼굴 모양이 나오겠지만 괜찮다. 도형으로 눈, 코, 입, 귀 등을 표현하면서 다양한 얼굴을 만들어보자.

어떤 도형일까? Guessing Game!

다 쓴 각 티슈 안에 여러 가지 모양의 물건을 넣고 보지 않은 상태로 손만 집어넣고 어떤 모양인지 촉감으로 맞추는 놀이를 해보자. 추측하는 과정을 정말 재밌어한다. 너무 뻔한 물건이어도 재밌어한다. 삶은 달걀을 넣어놓고 만져보라고 하고 잘 맞추면 이번에는 달걀이 무슨 모양인지 물어보면 된다.

♥ **엄마가 해주면 좋은 말**

- What shape is the egg?

- It's an oval.

Giant
Pop-Out
Shapes

Dino
Shapes

Circle
Rolls

ZOOM: An
Epic Journey
Through
Squares

Paris:
A Book of
Shapes

Zoe and
Zack:
Shapes

Shape
Trilogy

Draw
Me a Star

B Is for Box: The
Happy Little
Yellow Box

Round
is a
Mooncake

셋째 주말 주제B 숫자
몸으로 숫자를 표현해요

활용할 책	How many?
목표	Number, Counting
배울 단어	one, two, three, four, five
배울 패턴	How many?

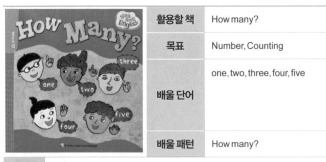

본문	Let's go to the beach! How many? One. One for the ighthouse. How many? Two. Two for the boats. How many? Three. Three for the birds. How many? Four. Four for the sails. How many? Five. Five for the shells. Let's count. One, two, three, four, five.

CD 틀고(세이펜을 켜고) CD소리에 맞춰 책을 같이 본다. 혹은 한 문장씩
따라 말해본다.

♥ 엄마가 해주면 좋은 말

• Count the number.

• How old are you?

• I'm 5 years old.

★ 초간단놀이 ★ 책 속 그림을 보면서 몸으로 숫자 표현하기

엄마가 외치는 소리에 맞춰 숫자 모양을 몸으로 만들어보게 한다.

♥ 엄마가 해주면 좋은 말

• Please express numbers with your body.

★ 확장놀이 ★

수박 먹고 수박씨로 숫자의 양감 익히기

스케치북에 1~10까지 칸을 나누어 써준 다
음 숫자에 맞게 수박씨를 올려놓는다. 땅콩,
젤리, 초콜릿 등 아이가 좋아하는 간식으로 해
도 된다.

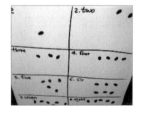

♥ **엄마가 해주면 좋은 말**

• Can you count 1 to 5?

숫자만큼 물건 모아오기

바구니나 봉지를 들고 밖으로 나가서 엄마가 말하는 숫자만큼 나뭇잎을 모아온다. 돌, 나뭇가지, 쓰레기를 모아도 된다.

♥ **엄마가 해주면 좋은 말**

• Listen carefully to what I say, Five!

숫자 막대 아이스크림

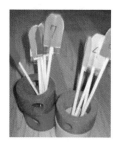 엄마가 손님이 되고 아이는 아이스크림가게 주인이 되어서 놀아보자. 반드시 영어로 하지 않아도 된다. "어머~ 손님~ 그냥 가지 마시고 아이스크림 한 개만 맛보고 가세요~ 기가 막혀요!", "그래요? 그럼 저는 8번 아이스크림을 주시겠어요?"

♥ **엄마가 해주면 좋은 말**

• This is number ice cream.

케이크 촛불 세기 놀이

아이들은 "생일축하합니다~ 생일축하합니다~ ♬" 노래를 제일 좋아한
다. 케이크를 만들고 촛불을 꽂은 다음 촛불 개수 세는 놀이를 하자. 케
이크는 육개장 사발면 용기를 뒤집어서 바닥을 뚫어 이쑤시개나 빨대를
꽂아도 되고 지점토를 둥글게 만든 뒤 빨대를 꽂아도 된다.

♥ 엄마가 해주면 좋은 말

- Let's make a birthday cake.
- Let's stick candles in a birthday cake.

숫자 기차놀이

집에 있는 장난감을 적극 활용해보자. 기찻길
을 깔고 블록에 숫자카드를 붙여주고 숫자 순
서대로 블록을 놓아보자. 장난감 기차에 숫자
가 적힌 종이를 직접 붙여도 좋다.

♥ 엄마가 해주면 좋은 말

- Count the numbers.

숫자 발바닥

'발바닥 숫자 도안'이라고 검색하면 숫자가 적혀 있는 발바닥 모양을 쉽

 게 구할 수 있다. 프린트해서 방바닥에 붙여주자. 같은 숫자끼리 해당하는 수교구를 올리면서 놀 수도 있고 우유팩으로 슬리퍼를 만들어 밟고 다니라고 해줄 수도 있다. 엄마가 말하는 숫자를 밟기만 하면 끝이다. 한 번에 숫자 하나를 불러줘도 되고 연달아 숫자 3개를 불러줘도 된다.

♥ 엄마가 해주면 좋은 말

• Let's play with numbers!

• Step on number 5!

볼링게임

 500ml 생수병이나 1.5L 생수병을 11개 준비하자. 포스트잇에 숫자를 적고 생수병에 각각 붙여주자. 어느 정도 거리를 두고 바닥에 선을 정하고 테니스공 정도 크기의 공을 굴려서 맞추자. 몇 개의 생수병이 쓰러졌는지 영어로 그 수를 말해보고, 쓰러진 생수병을 세우면서도 숫자를 말해보자.

♥ 엄마가 해주면 좋은 말

• Let's go bowling! Roll the ball at the bottles!

종이컵에 적힌 숫자만큼 과자 채우기

종이컵과 종이컵에 들어갈 크기의 과자만 있
으면 된다. 아이가 직접 과자를 하나씩 넣으면
서 셀 수 있게 해주자. 다 채운 뒤에는 과자를
다 먹고 보이는 숫자를 읽어보라고 해보자.

♥ 엄마가 해주면 좋은 말

• Read the number.

몇 마리가 있을까?

과자를 지퍼백에 담아서 진한 물감을 탄 물을 붓
는다. 지퍼백을 군데군데 눌러보면서 과자가 몇
개 있는지 세어보자.

♥ 엄마가 해주면 좋은 말

• How many snack?

종이컵으로 시계 만들기

종이컵의 둥그런 밑바닥이나 옆면을 잘라서 시계
를 만들어보자. 시계에 숫자를 적으면서 "one~
two~ three~" 숫자를 말해보자. "What time is

it?" 하고 시간도 물어보고 "It's 2 o'clock." 하고 대답도 해보자.

보드게임이나 계단오르기

주사위를 던져서 놀 수 있는 보드게임을 활용해서 놀아준다. 가위바위보
해서 이긴 사람이 한 계단을 올라가서 누가 빨리 올라가나 시합할 수 있다.

♥ 엄마가 해주면 좋은 말

• Let's roll the dice.

▎함께 보면 좋은 책 ▎

5 Wild Numbers	Counting Crocodiles	Anno's Counting Book	I Know Numbers!	The Hueys: None the Number
Counting with a Ladybird	Number One Sam	How Many Bugs in a Box	Counting Kisses	The Crayons' Book of Numbers

마무리 주말
좋아했던 주제를 반복해서
놀기만 해도 충분하다!

이제 독후활동에 대한 부담감을 떨쳐버리자. 교구를 만드느라 힘들게 시간을 보내지 말자. 아이는 사실 엄마랑 놀면 좋은 거다. 주제별 영어놀이를 하다 보면 엄마 눈에는 굉장히 허술해 보이는 준비물이나 놀이에도 아이가 굉장히 좋아하는 모습을 볼 수 있다.

아이랑 놀다 보면 손발이 오그라드는 경험도 많이 하게 될 것이다. 이번 기회에 눈높이를 낮추고 틀을 깨고 망가져보자. 어릴 때를 더듬어 생각해보자. 어렸을 때 놀고 싶었던 놀이를 지금 아이랑 하자!

—: 영어책으로 한바탕 노는 게 핵심 :—

포인트는 재미와 놀이다. 아이가 좋아하는 놀이나 좋아하는 장난감, 좋아하는 음식이 있다면 그걸 활용하자. 성공 보장이다. 케이크, 과자, 초콜릿 등을 재료로 삼아 할 수 있는 놀이를 떠올려보자. 아이가 좋아하는 장난감과 인형을 영어책놀이에 활용해보자.

아이들이 좋아하는 놀이인 땅따먹기, 숨바꼭질, 까꿍놀이, 보물찾기, 림보, 가위바위보, 몸 가위바위보, 축구, 야구, 피구, 배드민턴, 볼링, 줄넘

기대되는
준사마네
블로그

씽씽영어 '헤세네
책마을' 네이버 카페

[워크시트 자료실]〉
[씽씽영어 워크시트]에서
워크시트 다운로드 가능

기 등 몸쓰는 운동, 엄마아빠놀이, 시장놀이, 선생님놀이, 병원놀이, 요리놀이 등 역할극놀이, 위험하지 않게 찢고 부수고 집어던질 수 있는 놀이, 물감놀이 등 적극 활용해보자!

정말 많은 독후활동이 있지만 이 책에서 여기까지만 담는 이유는 혹여 워킹맘에게 부담이 될까 우려되어서다. 이외에도 씽씽영어 활용기가 무진장 많다. '기대되는 준사마네' 블로그와 씽씽영어 출판사 공식 네이버 카페를 참고하기 바란다. 네이버 검색창에 '씽씽영어 + 책 제목'을 검색해서 선배맘들의 블로그를 구경하는 것도 좋다.

→ 왜 씽씽영어일까? ←

이쯤 되면 씽씽영어 관계자가 아니냐는 질문이 나올 법하다. 그 많은 유아 영어전집 중 한 종류를 택한다는 것은 수많은 예외에 맞서야 하는 위험한 행동일 수도 있기 때문이다. 특히 엄마표 영어의 큰 매력이 '내 아이만의 맞춤형 교재'이지 않은가. 어떤 아이는 이런 책을, 어떤 아이는 저런 책을 좋아하기 때문에 사실 이렇게 한 종류를 택하는 것 자체가 말이 안 될 수도 있다. 하지만 그럼에도 다음과 같은 이유로 씽씽영어로 결정한 것이다.

첫째, 내가 직접 활용한 책이다. 아이와 직접 활용해보지 않고 전해들은 이야기로 책을 추천할 수는 없다. 어떤 제품이든 직접 써봐야 제품의 장단점을 알 수 있다. 씽씽영어를 직접 활용해서 주제별 영어놀이를 해보고 카페의 워크시트까지 직접 활용해보았기 때문에 자신 있게 말할 수 있다.

둘째, 스테디셀러다. 2009년부터 10년 넘게 절판되지 않고 계속 출간되고 있다는 것은 그만큼 증명이 된 책이라는 뜻이다.

셋째, 가성비가 좋다. 아이가 커서 활용하게 되는 챕터북이나 소설책에 비하면 엄마표 영어 초반에 활용하는 CD가 딸린 영어 동화책이나 유아용 영어전집은 비싼 편이다. 사용하는 종이 재질부터 권수, 놀이거리, 음원 등의 차이가 나기 때문에 당연한 결과다.

하지만 모든 유아용 영어전집의 가격대가 비슷비슷한 것이 아니고 아주 많이 차이가 나다 보니 사고 싶어도 엄두를 내지 못하는 전집도 많다. 특히 워킹맘이라면 집에 없는 동안 아이를 돌보는 데 들어가는 돈이 전업맘보다 많이 들 것이고, 상대적으로 함께 있는 시간이 부족하다는 생각이 있어 사놓고도 활용을 잘 못해줄 수도 있다는 생각 때문에 비싼 전집을 덜컥 들이기가 어렵다. 씽씽영어는 이런 점에서 가격대가 괜찮은 편이다.

넷째, 현실적이다. 왜 동네엄마들끼리 정보를 교환하는지 생각해보라. 대치동에 있는 학원에 최고의 강사가 있다 한들 사는 곳이 멀면 무슨 소용이겠는가. 아무리 학원 정보가 넘쳐나도 결국 선택의 문제가 남고, 선택은 현실과 동떨어질 수 없다. 집과의 거리, 사용 교재, 선생님, 같은 학교 같은 학년 친구가 많이 다니는지, 학원비 등 결국 직접 보내본 동네엄마의 정보가 가장 실제적인 것이다.

강의 도중 직접 책을 보여주면서 집중듣기 방법을 안내하고 세이펜으로 찍어서 소리를 들려주기도 하는데 강의가 끝나면 많은 엄마가 책 표지를 찍는다. 엄마표 영어 초기 단계를 진행 중인 엄마이거나 일일이 책을 알아볼 시간이 없는 워킹맘이 대부분이다. 책을 살 수 있는 사이트에서 검색해보면 된다는 말보다, 좋은 정보 100가지를 나열하는 것보다 지금 당장 해줄 수 있는 일을 콕 찍어서 알려주는 것을 좋아했다.

나름 책도 내고 강의도 하는 내가 전문가적인 마인드와 자신감도 없이 "어떤 책을 살지 고민하느니 뭐든 사보라" 하는 것은 너무 무책임하기도 하고 "아이마다 좋아하는 관심사가 다르니 아이 관심사에 맞춰서 사주라" 하는 것도 정답이긴 하지만 당장 활용하고 싶은 워킹맘에게는 무책임한 것 같다.

막말로 아이 입장에선 씽씽 영어책이든 뿅뿅 영어책이든 '놀이'만 딸려오면 재밌어한다는 것을 엄마라면 10000% 다 알고 있지 않는가? 아이챌린지 호비도 교재만 있었으면 인기 없었을 거다. 놀이거리랑 DVD가 연계되어서 더 잘 보는 것 아닌가? 너무 겁먹을 필요 없다. 이것저것 따져보느라 너무 많은 시간을 보내지 말고 믿고 해보길 바란다. 아이가 자꾸 크고 있다!

영어전집 활용할 때 알아두면 좋은 것
'권별 주제'

씽씽영어는 Alphabet Book 5권, Word Book 30권, Story Book 20권, Rhyme Book 5권으로 구성되어 있다. 그중 둘째 달 주제별 영어놀이에 활용한 씽씽영어는 Word Book에 해당된다.

아래는 Word Book 30권의 목록, 주제, 단어를 정리한 표다. 첫째아이는 Word Book 30권을 모두 활용했는데 책에서는 그중 여섯 권을 선정해 주제별 영어놀이를 안내했다.

둘째 달 세 번의 주말 동안 신나게 영어놀이를 해보고 반응이 좋다면 다음 달에 ORT로 넘어가기 전에 주제별 영어놀이를 더 해도 좋다. 반응이 좋을 때가 가장 굿 타이밍이다. 아래 리스트에서 다른 책을 선정해 놀거나 책에 소개한 여섯 권으로 한 번 더 놀아주어도 괜찮다. 아이 성향에 따라 반복을 좋아하는 아이에게는 같은 책을 또 보여주고, 새로운 것을 원하는 아이라면 다른 책으로 넘어가자.

여기서 알아둘 점은 영어 전집이라고 해서 반드시 전권을 모두 활용할 필요는 없다는 것이다. 영어 전집 중에서 아이에게 반응 좋은 몇 권만 건져도 성공이라는 마음으로 다가가야 성공 확률이 높아진다. 전집과 단행본은 각각의 장단점이 있겠지만 엄마가 어떻게 활용해주느냐에 따라 장점은 더 부각되고 단점은 커버될 수 있다.

　단행본은 아이의 관심사별로 책을 선택하게 되어 아이가 잘 볼 확률이 높아지지만 책 편식이 올 수 있고 아이 관심사가 아닌 엄마 관심사로 선택한 단행본은 실패 확률이 오히려 높을 수 있기 때문에 주의해야 한다.

　전집은 너무 많은 권수의 책이 집에 덜컥 생기므로 아이에게 부담감을 줄 수 있고, 천편일률적인 비슷한 모양과 색감의 책으로 흥미를 반감시킬 수 있다는 단점이 있다. 하지만 여러 권의 책 중에서 아이가 골라오는 책으로 아이의 관심사를 파악할 수 있고, 한 주제에 치우칠 수 있는 책 편식의 우려도 줄일 수 있다는 장점이 있다.

▌씽씽영어 Word Book 30 ▌

	책 제목	주제	배울 단어
☐	1. This is my family	가족 Family	grandpa, sister, mommy, grandma, daddy, brother
☐	2. Who did it?	가축 Domestic animals	dog, pig, cat, duck, cow, hen
☐	3. Try Some Food	음식 Food	milk, juice, ice cream, cake, candy, cookies
☐	4. I Like Toys	장난감 Toy	ball, robot, doll, toy car, teddy bear
☐	5. Look at Me	얼굴 Face	mouth, ears, head, nose, teeth, eyes

책 제목	주제	배울 단어
☐ 6. Put On Your Clothes	의복 Clothes	hat, pants, shirt, skirt, socks, shoes
☐ 7. Good Morning, Sky!	자연 Nature	sky, clouds, stars, sun, bird, moon
☐ 8. I Like Fruit	과일 Fruit	apple, grapes, strawberry, banana, oranges, peaches
☐ 9. What Do You need	물건 thing	cup, spoon, fork, book, bag, blanket
☐ 10. Off We Go	교통수단 vehicle	bike, car, bus, train, airplane, boat
☐ 11. Where Is My Baby	아기동물 Baby animal	puppy, chick, kitty, duckling, calf, piglet
☐ 12. Find the ball	집가구 House furniture	bed, sofa, table, desk, toy box
☐ 13. Washing Myself	신체 Body	hair, legs, face, arms, feet, hands, dirty, clean
☐ 14. The Butterfly in My House	집공간 Houseroom	bedroom, kitchen, garden livingroom, bathroom
☐ 15. How's the weather	날씨 Weather	sunny, snowy, raining, cold, hot, rainbow, windy
☐ 16. Who am I	동물 Animals	hippo, monkey, elephant, tiger, lion, bear
☐ 17. How Many?	숫자 Number 1~5	one, two, three, four, five

책 제목	주제	배울 단어
☐ 18. I See and Taste	감각 Sense	smell, see, hear, cry, taste, touch
☐ 19. What Color Do You Want?	색깔 Color	yellow, blue, pink, green, red
☐ 20. How Do You Feel	감정 Feel	sorry, happy, tired, sad, sleepy, angry
☐ 21. Jump Jump	행동 Action	kick, throw, push, run, jump, stomp
☐ 22. Let's Paly Together	놀이터 Playground	seesaw, slide, jungle gym, swing
☐ 23. Here Comes the Parade!	숫자 Number 6~10	six, seven, eight, nine, ten
☐ 24. What's that	소리 나는 물건 Sound thing	piano, clock, television, lamp, cleaner, telephone
☐ 25. Look! I'm Big	반대말 Opposite	long, short, big, small, slow, fast
☐ 26. Make a Wish	가정법 I wish~	dinosaur, clown, magician, monster, princess, prince
☐ 27. How pretty!	감탄문 How~	funny, pretty, messy, clean, scared, ugly, lovely
☐ 28. I Do Many Things	하루 일상 Daily life	wake up, sleep, wash, play, brush, eat
☐ 29. What are you doing?	진행형동작 Doing	hopping, singing, dancing, swimming, clapping, turning
☐ 30. Please say cheese	부탁 동작 Please~	close, open, put on, take off, turn on, turn off

활동한 책은 표시!

5장

셋째 달,
드디어 영어 말문이 트이네

셋째 달에 준비할 것
이야기 중심의 영어책과
부록 CD

'3-3-3 엄마표 영어'의 마지막 달이다. 이쯤 진행되었다면 주말 1시간 엄마표 영어에 푹 빠졌으리라. 이번 셋째 달에는 ORT(Oxford Reading Tree; Biff, Chip and Kipper Stories)를 활용할 것이다.

ORT

책의 특성에 따라, 아이들이 받아들일 수 있는 내용에 따라 활용법이 달라진다. ORT 특성에 걸맞게 노부영이나 씽씽영어와는 당연히 활용법이 달라야 한다. 이번 달에는 ORT로 '글자집 중듣기', '따라말하기', '워크북 활용하기'를 할 것이다.

한 가지 미리 당부할 부분은 아이가 크면서 '영어놀이'는 줄어들고, '워크시트 활용'은 필수라기보다는 그때그때 대체할 수 있는 활동이라는 것이며, '따라말하기'는 '집중듣기'와 더불어 앞으로 계속해서 활용할 방법이라는 것이다.

ORT는 비프, 칩, 키퍼를 주인공으로 주변 친구들과 강아지, 부모님, 이웃이 나오는 일상을 담은 책이다. 주인공이 동물이나 가상 인물이 아닌 어린이인 데다가 배경도 익숙한 곳이고 그림풍도 과장 없이 현실적이라서 아이들이 거부감 없이 받아들일 수 있는 책이다. 스토리에 반전도 있어 재미적인 요소가 많으며 자극적이지 않고 어린이의 눈높이에 맞는 내용이다. 그래서인지 영국 초등학교 80% 이상이 ORT를 교재로 사용하고 있다. 단계별 구매가 가능하니 아이가 어릴 때에는 5단계나 6단계까지만 사서 활용해보기를 권한다.

스토리가 있는 리더스북

ORT는 1~12단계까지 단계가 구분되어 있고 판형도 보드북 형태가 아닌 얇은 페이퍼북 형태로 되어 있다 보니 엄마들이 리더스북이라고 생각하고 출판사에서도 리더스북이라고 분류해서 판매하고 있다.

하지만 ORT를 제대로 활용하려면 우리가 생각하는 형태의 리더스북으로 생각하지 않는 것이 좋다. 엄마들이 흔히 알고 있는 리더스북은 Learn to Read(런투리드), Now I'm Reading(나우 아임 리딩)처럼 영어 '읽기' 연습에 목적이 실려 있는 책일 것이다.

ORT도 같은 맥락으로 보고 알파벳 음가를 익힌 뒤에 떠듬떠듬 혼자서 읽어보는 단계에서 활용하는 책으로 생각하여 글자를 읽는 단계에 ORT를 사줄 확률이 높다. 그러면 그림보다 글자 위주로, 스토리보다 읽기 단계 향상 위주로 활용하게 되는데, 그렇게 해서는 5, 6단계쯤 돼서 단계 올리기가 힘들어질 테고, 7단계는 아예 엄두도 못 내게 될 것이다.

한글떼기를 생각해보면 쉽다. 아이가 ㄱ, ㄴ, ㄷ, ㅏ, ㅑ, ㅓ, ㅕ 등 자음과 모음을 익히고 가, 갸, 거, 겨, 나, 냐, 너, 녀 등 자음과 모음이 합쳐지는 원리를 배우면서 『기적의 한글학습』과 같은 한글교재를 사용하는데, 영어에서는 이에 해당하는 게 파닉스, 알파벳을 다룬 책이다.

원리를 익혔으면 『신기한 한글나라 1단계』 같은 책을 혼자서 떠듬떠듬 읽어보게 했던 것처럼 영어도 알파벳 음가를 적용해보면서 떠듬떠듬 읽어보게 하면 좋은데 이때 '리더스북'이 필요한 것이다. 한마디로 리더스북은 '글자' 위주의 책인 것이다. 그래서 단계 구분이 되어 있고 글자들이 큼직큼직하다.

어느 단계쯤 가면 떠듬떠듬 읽던 아이도 조금씩 유창하게 읽게 되는데 이때는 읽기 자체에 포커스를 맞춘 리더스북보다는 '스토리'가 재미있고 쉬운 문장으로 이루어진 리더스북이 필요하다. 『I can read』, 『Hello Reader』, 『Step into reading』, 『Read It Yourself』 같은 책은 스토리에 신경 쓴 리더스북이며 ORT도 여기에 해당된다 할 수 있다.

리더스북이지만 글자 자체보단 스토리 위주로 전체 맥을 타고 가는 형태이기 때문에 ORT를 읽기용 교재로 활용하려고 덤벼들면 생각했던 것만큼 효과가 나지 않을 것이다. 결국 ORT를 제대로 활용하려면 글자 읽기에 집중하기보단 창작동화 읽어주듯이 스토리 위주로 쭉쭉 들으면 서 활용해주는 것이 바람직하다. 조금 장황하지만 이렇게 설명하는 이유는 책의 특징을 잘 알아야 활용도가 높아지기 때문이다.

⇥ 초기에는 ORT 6단계까지만 ⇤

보통의 리더스북을 보면 한 권 한 권이 제각각이다. 전체적인 판형이나 그림풍은 비슷할지 모르지만 3번 책에 나온 주인공이 4번 책에 나온다거나 하는 일은 거의 없다. 하지만 ORT는 1단계부터 12단계까지 같은 캐릭터가 등장한다. 주인공과 배경은 거의 비슷하고 에피소드가 달라지는 '시트콤' 같다. 그래서 12단계 전체를 에피소드 모음으로 생각하고 활용해주면 좋다.

그렇다면 굳이 단계 구분은 왜 되어 있는 것일까? 다른 읽기 연습 위주의 리더스북보다 스토리에 더 중점을 두었다는 것뿐이지 단계 구분이 없다는 것은 아니다.

스토리를 전달해나갈 때 1단계에서는 주로 그림을 통해서만, 2단계에서는 한 페이지당 1문장 정도만, 5단계쯤에서는 2~3문장으로 이야기를 전달하는 식으로 문장 길이가 점점 길어진다. 더불어 사용하는 어휘도 난이도가 올라간다. 그러다 보니 7단계쯤 되면 한 페이지당 5줄 정도로 쉬운 챕터북 수준의 글밥이 되고, 10단계쯤 되면 쉬운 영어소설 수준의 글밥이 된다. 단계가 올라가면서 주인공 키퍼, 비프, 칩도 함께 성장하고 매직키를 이용해 세계 곳곳을 여행하기도 하면서 배경이 집 주변에서 세계로 넓어지는 등 스토리도 확장된다.

그래서 ORT는 단순한 리더스북 정도로 생각하고 12단계 전체를 쭉 활용하려고 하면 안 된다. 초반 단계는 오르는 것 같아도 단계가 끝나면 바로 다음 단계, 그 단계가 끝나면 바로 또 다음 단계 이런 식으로 12단계까지 한번에 갈 수 있는 확률은 거의 zero에 가깝다. 그러니 ORT를 12단계까지 다 활용해준 다음에 챕터북으로 넘어가려고 생각하지 말고 5, 6단계까지 먼저 활용하고 이후 단계 활용은 잠시 멈추는 것이 맞다.

알파벳 음가 익히기 등 본격적인 영어 떼기(논픽션, 픽션 리더스북 활용)를 하고 그 막바지 시점쯤 다시 ORT 7단계부터 활용해주는 게 맞다. 구체적으로 말하면, 다른 여타 리더스북의 마지막 단계와 초기 챕터북(Fly guy, Chameleons, Comic Rockets, Mercy Watson, Mr. Putter & Tabby, Nate the great) 사이쯤에서 ORT 7단계를 시작하는 것이다. 이 책에서는 엄마표 영어 초기를 진행하는 중이므로 ORT 6단계 정도까지만 활용해준다.

❙ ORT 단계별 글밥 비교 ❙

1+단계 (48권) **BL 0.3~0.9**		 Then it was not a caterpillar.　It was a chrysalis.
3단계 (36권) **BL 0.6~0.9**		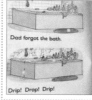 Dad forgot the bath.　Plop! Plop! Splat! Drip! Drop! Drip!　"What was that?" said Dad.
5단계 (36권) **BL 1.4~1.6**		 Biff had been reading a story. "It's such a sad story," said Biff. "It's about rats."　"Rats!" said Chip. "Why is it sad?" Just then, the magic key glowed. It was time for an adventure.
6단계 (18권) **BL 1.8~2.5**		 The magic took them underwater. The children had masks and flippers and tanks of air. They could swim underwater.　The children had never seen so many fish. They were all different colours. "This is better than the pool," thought Chip.
9단계 (12권) **BL 2.3~ 2.8**		 Floppy went to the rescue. He took the rope in his teeth. Then he went slowly along the girder to the man. "Don't look down, Superdog," shouted the man.　The man grabbed the rope from Floppy. "Thank you, Superdog," he called. "You're a real hero." Everyone cheered.
10+단계 (6권) **BL 3.2~3.8**		For a while, things were quiet. From time to time the children would pop over Control to chat with Tyler, who spent most of his time keeping a watchful eye on the beautiful hologram thrown up by the TimeWeb.　"It's something new," said Tyler when the others had gathered round the TimeWeb. "It's not really a spot, more a very fine grey circle. It's so small, you can hardly see it." "I can't make it out," said Biff. "Where is it?" The others peered at the spot where Tyler was pointing. "It's very faint," said Wilf. "Do you think it means anything?" Tyler pressed some keys on the Matrix. After a long time, the plasma globe lit up with a faint image. "It's hard to say," said Tyler. "It looks like an island. The globe thinks it's in the West Indies, about 1792."

첫째 주말
알파벳을 몰라도
'이건 글자구나'만 알면 끝

본격적 활용에 들어가기 전 워밍업을 해주자. 쉬운 책은 바로 책으로 들어가도 충분하지만 스토리 위주의 책은 'Before Reading- While Reading - After Reading'이 필요하다. 읽기 전에, 읽는 중에, 읽은 후에 각각에 맞춰 신경 써주자.

다른 리더스북과 ORT 본문을 비교해보자. 다른 리더스북 본문(위)은 스토리 없이 읽기 연습 위주다. 아래는 ORT 2단계의 본문이다. 한 페이지에 한 문장인 것은 다른 리더스북과 같지만 결이 다르다. 쉬운 문장 구성일 뿐 읽기 연습용이라기보다는 쉬운 스토리북이라 보는 게 더 맞다.

ORT는 단순한 읽기용 교재가 아니다. 그래서 글자 읽는 것 자체에 포

My mom is a teacher.
My mom is a doctor.
My mom is a bus driver.
My mom is a police officer.

Mum wanted to pull it out.
"No!" said Kipper.

인트를 두기보단 전체 스토리의 흐름을 따라가면서 이야기책으로 받아
들이게 해주는 것이 필요하다.

⇥ Picture Walking ⇤

무작정 바로 책을 펼치고 읽기보단 읽기 전에 표지를 보면서 내용을 예
상해보거나 쭉 속지를 훑으면서 어떤 내용일지 짐작해보는 것으로 시작
하자.

ORT 3단계 『The Snowman』 책 표지 보면서 대화하기

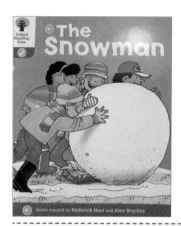

"민준아~, 얘네 뭐하는 거 같아?"

"눈사람 만들려고 하는 거 같은데?"

"그러네~. 여기 snowman이라고 써 있는 거 보니 그럴 거 같네?"

"눈이 많이 왔나봐~. 많이 와야지 이렇게 크게 뭉칠 수 있잖아."

"맞아~. 근데 왜 장화를 신었지? 아 겨울에 신는 부츠다!"

"엄마, 빨리 넘겨줘!"

⇢ 글자집중듣기 ⇠

Picture Walking으로 워밍업이 끝났다면 이제는 본격적으로 활용해보자. 노부영 때 활용했던 그림집중듣기와 같은 방식이다. 노부영은 '그림'을 보면서 집중듣기를 했다면 ORT는 '글자'를 보면서 집중듣기를 하는 것이다. 이것을 '글자집중듣기'라고 말하는데 '글자집중듣기'는 CD 전체를 쭉 들으면서 소리에 맞춰 눈으로 글자를 따라가는 데 포인트를 두어야 한다.

아이가 따라가기 쉽게 볼펜이나 손으로 글자를 포인팅해주면 좋다.

처음엔 엄마가 포인팅해주지만 시간이 지나면서는 차차 아이가 포인팅할 수 있게 해주자. 글자를 포인팅하면서 CD 소리에 맞춰 책장을 넘겨주자.

그림집중듣기처럼 글자집중듣기도 방법은 참 쉽다. 소리에 맞춰서 글자를 포인팅해주면 끝이기 때문이다. 그러나 그림집중듣기도 방법은 쉬웠지만 엄청 중요했던 것처럼 글자집중듣기 역시 방법은 쉽지만 굉장히 중요하다. 의미 있는 그 소리가 어떤 글자에서 나오는 소리인가를 알 수 있도록 '소리에 글자를 매칭'해주는 작업이기 때문이다.

------------------------ 준사마's PICK ------------------------

ORT 글자집중듣기 예시

① CD에서 "They saw Wilf and Wilma."라는 소리가 나올 때 속도에 맞춰 "They saw Wilf and Wilma." 문장을 손으로 쭉 따라가며 짚어준다.

② "Wilf was sweeping the snow." 라는 소리가 나올 때 속도에 맞춰 "Wilf was sweeping the snow." 문장을 손으로 쭉 따라가며 짚어준다.

"sweeping~ sweeping~" 소리를 내면서 빗자루 그림 부분을 손으로 짚어주자.

"민준아~ Wilf가 누구인 거 같아?"

"눈 쓸고 있는 애~"

③ "Everyone pusged the snowball." 소리가 나올 때 속도에 맞춰 "Everyone pushed the snowball." 문장을 손으로 쭉 따라가며 짚어준다.

④ "Floppy barked and barked." 소리가 나올 때 속도에 맞춰 "Floppy barked and barked." 문장을 손으로 쭉 따라가며 짚어준다.

"민준아~ floppy 좀 봐~ 엄청 신났네~?"

"강아지들은 공을 좋아하잖아. 하얀 공인 줄 아는 거 아냐?"

"어! 정말? 그래서 저렇게 짖나 보다~."

"엄마~ 근데 이거 여기(책 표지)랑 그림이 똑같다~!"

"아, 그러네~? 친구들이 눈 뭉치면서 Floppy 보고 웃는 거였네~."

"아닐걸? Kipper가 장갑 잃어버려서 웃는 걸걸?"

"어? 진짜 장갑 어디로 갔지?"

"아까 떨어뜨린거 봤어~."

⑤ "Wilf's dad opened the door." 소리가 나올 때 속도에 맞춰 "Wilf's dad opened the door." 문장을 손으로 쭉 따라가며 짚어준다.

⑥ "He saw the snowman." 소리가 나올 때 속도에 맞춰 "He saw the snowman." 문장을 손으로 쭉 따라가며 짚어준다.

"엄마~ 근데 당근은 어디서 난 걸까?"

"그러게~ 이게 어디서 나온 거야? 검은색은 돌인가?"

"돌 같애~ 엄마~ 이거 Wilf 모자지? 이것 봐봐 여기는 모자 벗고 있잖아."

알파벳을 몰라도 글자집중듣기가 될까?

"우리 애가 알파벳도 모르는데 어떻게 글자집중듣기를 하죠?", "그림만 보는데 어떻게 하죠?" 등 이런저런 걱정이 든다. 물론 글자에 관심을 보일 때가 굿 타이밍일 것이다. 하지만 아이가 가나다라를 몰랐어도 한글책 속 문장을 손으로 짚어주었듯이 영어 글자를 몰라도 글자집중듣기를 할 수 있다. 해도 괜찮다. 아니, 하면 좋다!

아이에게 한글책을 읽어줄 때 '한글도 모르는 애가 어떻게 다 읽은 걸 알고 다음 장으로 넘기지?', '글자도 모르는 애가 어떻게 읽는 시늉을 하지?' 하고 신기한 경험을 해본 엄마라면 알 거다. 아이들에게 '감'이라는 게 있다는 걸 말이다. 엄마가 어딜 보고 읽어주는지 알고 있고, '~습니다', '했어요' 등으로 문장이 자주 끝난다는 것도 알고 있다. 아직 다 안 읽은 것 같은데 넘기려고 하면 왜 다 안 읽느냐고도 하고 심지어는 엄마가 틀리게 읽은 것도 잡아낸다!

영어책도 마찬가지다. CD나 세이펜에서 들리는 영어소리가 이 책의 스토리를 읽어주는 영어소리라는 것을 알고 있다. 글자 하나하나를 정확하게 읽어내진 못해도 그 문장에 맞는 소리라는 것을 알고 소리의 길이랑 문장의 길이에 대한 감도 있다.

처음엔 그림 위주로 많이 보겠지만 점점 엄마가 포인팅해주는 영어문장을 눈으로 따라가게 될 것이다. 그러면서 자주 나오는 I, am, to, said, No 등과 같은 글자(사이트워드)는 알파벳을 몰라도 통으로 안다.

아이가 영어로 술술 말할 줄 몰라도 영어 DVD를 보여주지 않았던가? 100% 다 이해하지 못해도 듣기 실력이 출중하지 않아도 영어 DVD를 보여주면 스토리 흐름을 타면서 보게 되어 있듯이 아이가 알파벳을 몰라도 글자집중듣기를 할 수 있다.

ORT로 글자집중듣기를 하는 것은 이러한 읽기 감각을 익히는 훈련이라고 생각하면 좋다. 반드시 글자를 읽어내야 한다는 고정관념을 버리고 아이가 소리를 들으면서 책 속의 영어문장을 볼 수 있게 해주자. 중요한 것은 소리에 매칭되게 타이밍에 잘 맞춰 해당되는 글자를 짚어주는 것이다.

단계가 높아지면 문장의 길이도 글자 크기도 달라지기 때문에 1단계부터 차근차근 활용해주는 것이 좋지만 만약 한글책을 많이 읽은 아이라면 꼭 1단계부터 하지 않아도 좋다. 낮은 단계일수록 페이지 수도 적고 글자가 아예 없거나 한두 문장으로 되어 있다 보니 한 권 한 권의 스토리는 높은 단계 책보다 빈약할 수 있다.

만약 낮은 단계에 관심을 덜 보인다면 4~6단계를 보여주는 것도 방법일 수 있다. 스토리가 그만큼 더 풍부해지기 때문이다. '알파벳을 읽을 줄 모르니까' 하고 쉬운 책만 보게 하지 말자. 스토리가 풍부하고 시리즈로 이어져서 뒷이야기가 궁금해지는, 조금 높은 단계 책을 더 잘 볼 수도 있다.

이야기 흐름을 파악하는 능력

글자집중듣기로 글자 자체에 대한 감각뿐 아니라 내용 자체를 이해하는 직관적 지성도 키워줄 수 있다. 척보면 이것저것 따져보지 않아도 뭔가 이상하다거나 이건 옳다거나 하는 감이 생긴다.

예를 들어 "She is my mom." 하면 이상한 느낌이 안 드는데 "She are my mom." 하면 이상한 느낌이 그냥 드는 것처럼 말이다. "어제 밥 먹자." 하면 이상하고 "어제 밥 먹었어."라고 하면 이상하지 않은 것처럼 말이다.

게다가 이러한 활동이 교재나 간단한 문구 안에서 이루어지는 것이 아니라 '책'이라는 매개체 안에서 스토리의 흐름을 타며 일어나는 일이다 보니 '처음-중간-끝'이라는 이야기 구성도 알게 되고, 앞에 이런 이야기가 나왔으니 뒤에서는 이런 일이 벌어질 것 같다는 등 상상하고 유추하면서 듣는 힘도 생긴다.

ORT는 그림이 자세하다. 그림이 스토리를 이해하는 데 이미 큰 도움을 주고 있기 때문에 글자집중듣기를 하면서 그 글자가 나올 때 들리는 소리와 나오는 장면으로 내용 유추를 할 수 있다.

The end of his tail began to flutter faster and faster~

위 문장을 한번 살펴보자. 읽다 보니 flutter라는 단어가 생소하다. 글자집중듣기를 계속해온 아이는 과연 이럴 때 CD를 멈추고 사전을 열어 flutter를 찾아볼까? 찾지 않고 유추해낼 확률이 매우 크다.

왜냐하면 앞 문단에서 계속해서 rattlesnake(방울뱀)에 대한 이야기를 했기 때문에 이 문장은 방울뱀에 대해서 설명하는 중이라는 것을 유추해냈을 것이고 faster and faster라는 말을 보고 뭔지는 모르지만 '빠르게'라고 유추했을 것이며 The end of his tail을 통해 뭔지는 모르지만 꼬리 끝에서 일어나는 일이라는 것을 유추했을 것이다. 최종적으로 아이의 머릿속에서는 '방울뱀, 꼬리끝, 빠르게'가 떠오르면서 결국 flutter의 뜻이 '흔들다'일 것이라고 유추해내므로 일일이 사전을 찾지 않아도 글자집중듣기를 하는 도중에 책 내용을 파악한다.

글자집중듣기를 할 때에는 해석해주거나 이해를 도와주려고 중간중간 멈추지 말고 일단 쭉쭉 끝까지 듣는 것이 좋다. 앞에 'ORT글자집중듣기 예시'에서는 글자집중듣기를 하는 중간중간 아이와 해볼 수 있는 대화 예시를 넣어놓았는데, 반드시 대화를 해야 하는 것은 아니다.

책은 스토리다. 흐름을 끊지 않는 것이 좋다. ORT 글자집중듣기를 하기 전 워밍업부터 하고 시작한 것도 그 이유이고, 글자집중듣기를 하면서 책 전체를 쭉 타고 가는 것도 그 이유다.

셋째 달 첫째 주말, 글자집중듣기를 해보았다. 이번 주말엔 아이에게 칭찬을 더 많이 해주기 바란다. 그림보다 작은 글자를 집중해서 눈으로 따라가는 일은 말이 쉽지 막상 해보면 굉장히 집중력을 요하는 작업이라 눈도 피곤하다.

처음에는 엄마가 포인팅해주겠지만 시간이 쌓이면 아이가 직접 포인팅할 수 있다. 100% 맞아떨어지게 포인팅하지 못하더라도 감으로라도 포인팅할 줄 알게 될 것이다. 시간이 더 흐르면 손으로 포인팅하지 않아도 눈으로 충분히 따라가게 되고, 나중에는 눈이 CD소리보다 더 빨라지게 될 것이니 그날을 기대해보자.

 주말에 글자집중듣기를 했던 책의 CD로 흘려듣기를 해주세요.

둘째 주말
틀려도 좋다! 듣는 대로
마음껏 따라 해보기

이번 주말에는 지난 주말에 '글자집중듣기'를 했던 책으로 '따라말하기'를 해볼 것이다. 따라말하기는 입 밖으로 소리를 내뱉는 훈련이기 때문에 이미 귀에 익은 책으로 해주는 것이 수월하다.

만약 금방금방 싫증을 내는 아이라면 다른 책으로 해도 좋지만 이왕이면 이미 아는 책으로 따라말하기를 해주고 다른 재미난 책은 그냥 글자집중듣기를 해주자.

⇉ 따라말하기 ⇇

듣자마자 0.1초 만에 바로 따라 말하는 쉐도잉 방식이 아니다. 한 문장을 끝까지 다 듣고 소리를 잠시 멈추고 똑같이 입 밖으로 소리를 내뱉고, 다음 한 문장을 끝까지 듣고 CD 소리를 멈추고 소리를 내뱉고 하는 것이다.

---------------------- 준사마's PICK ----------------------

ORT 따라말하기 예시

① 전자펜으로 "They saw Wilf and Wilma." 문장을 찍어서 듣는다.
② CD나 전자펜 소리를 일시정지한다.
③ "They saw Wilf /and Wilma." 들은 소리를 그대로 앵무새처럼 똑같이 따라 말한다.
④ "Wilf was sweeping the snow." 문장을 찍어서 듣는다.
⑤ CD나 전자펜 소리를 일시정지한다.
⑥ "Wilf was sweeping the snow." 들은 소리를 그대로 따라 말한다.

ORT 2단계 정도의 책은 문장이 짧고 간결하기 때문에 한 문장씩 해도 따라 말할 수 있을 것이다. 처음에 잘 안되면 끊어서 그만큼만 따라 말하게 하고 연결해서 따라 말할 수 있게 해주자. 최대한 들었던 소리에 가까워질 때까지 최소 5회 정도 반복해서 내뱉어본다. 만약 5단계 정도라면 끊어서 부분적으로 따라말하기 연습을 하고 최종적으로는 한 문장 전체를 쭉 따라 말할 수 있도록 해주자.

 끊어 읽는 위치

1. 주어가 두 단어 이상이면 동사 앞

The most important thing / is your health.

2. 구나 절 형태의 긴 목적어나 보어 앞

I want / to travel around the world.

3. 진주어 진목적어 앞

I make it a rule / to go to bed at 11 o'clock.

It is not easy / to find water in the desert.

4. 콤마(,)가 있는 부분

If you want, / you can look around.

5. 접속사 앞

Please look after my baby /while I'm away.

6. 관계사 앞

I'm looking for something /who can take care of my dog.

7. 전치사구나 부사구 앞

I was born / in Seoul / in 1988.

끊어 읽는 위치는 위를 참고하면 되지만, 가장 좋은 방법은 CD를 들으면서 원어민이 숨 쉬는 부분에서 끊어 읽는 것이 가장 자연스럽다.

따라말하기는 글자집중듣기 때처럼 한 권 전체를 끝까지 쭉쭉 나가는 것보다 한 문장을 5회, 10회 반복해서 말해보고 유창해지면 다음 문장으로 넘어가는 식으로 차근차근 한 문장씩 진행하는 것이 좋다.

한 권에 나온 문장 전부를 따라 말할 필요는 없다. 아이가 힘들어한다면 처음부터 무리하지 말고 한두 페이지만 진행해도 괜찮다. 따라말하기는 진도를 빼는 느낌으로 진행하면 힘들다. 집중듣기를 한 것 중에 일부분만 따라 말해본다는 느낌으로 진행해주자.

아기한테 "엄마 해봐~, 엄!마!" 하고 말을 걸었던 때를 생각해보면 좋겠다. 아기가 처음에는 정확하게 말하지 못하지만 엄마 입 모양도 유심히 관찰하면서 차차 비슷한 소리로 따라한다. 들은 그대로 따라 하려고 노력하는 것이다. 일단 따라말하기 초반에는 앵무새 정도만 되어도 훌륭하다.

책 속의 영어문장을 눈으로 보면서 바로바로 해석이 되면서 귀로 들은 소리까지 똑같이 내뱉는 것은 굉장히 어려운 일이다. 글자집중듣기를 하면서 어느 정도 전체적인 내용까지 다 파악해내는 것은 따라말하기 훈련이 어느 정도 차서 유창하게 내뱉을 수 있을 쯤이 되어야 가능하다.

처음에는 일단 귀를 쫑긋하고 똑같이 따라 말하는 데 에너지를 써야 하므로 의미 파악까지 되지 않는 것은 당연하다. 조급한 마음을 내려놓고 '뭔 소린지 이해는 하고 따라 말하는 건가?' 하고 너무 심각하게 생각하지 말자. 따라 말해주는 것만으로도 감사해야 한다.

앵무새처럼 따라 말한다는 것이 처음에는 거부감이 들지도 모른다. 당연히 아이가 자유롭게 표현하고 아이 스타일대로 말하는 것이 좋다. 하지만 그건 나중이다. 기본이 채워지고 입 근육도 사용할 줄 알고 높낮이 조절도 해볼 줄 알고 인토네이션도 탈 줄 알면서 '아~, 영어는 이런 느낌으로 내뱉어야 하는 거구나~' 하는 느낌적인 느낌! 모방이 먼저다. 하다 보면 끊어 읽는 부분, 연음 부분 등을 자연스럽게 익히게 된다.

첫째아이는 보통 한 책으로 3~4일간 따라말하기를 진행한다. 첫날은 떠듬떠듬 읽는다. 둘째 날은 조금 덜하고 4일째 되면 꽤 유창해진다. 반복의 시간이 참 지루하고 힘들 수 있지만 며칠 반복하고 나면 아이 스스로도 자신의 내뱉는 실력이 늘었음을 느끼고 신기해한다. 그리고 나중에는 CD소리를 듣지 않아도 문장만 보고 혼자 내뱉기도 한다.

이렇게 따라말하기가 유창해진 날에는 가끔 녹음을 해주기도 했다. 녹음한 자신의 목소리를 틀고 책을 보게 해주면 마치 자신이 CD에 나온 사람이 된 것 같은지 재밌어했다. 아이 스스로 원어민 발음과 비교해볼 수 있는 시간이 돼서 좋았다.

⇁ 읽는 힘보다 말하는 힘에 초점을 맞춘다 ⇀

따라말하기는 아이가 똑같이 소리 내려고 노력해야 하는 훈련이다 보니 더욱 글자에 집중해서 소리를 듣게 하는 효과가 있다. 그래서 나중에 글밥이 더 많아지고 책 수준이 어려워져도 글자집중듣기를 잘해내는 데 도움이 된다. 하지만 그것은 하다 보니 발생되는 효과이지 이를 위해 일부러 듣는 힘, 읽는 힘을 키워주는 것에 포인트를 잡고 진행하는 것은 좋지 않다.

지금은 엄마표 영어 초기 단계다. ORT로 따라말하기를 진행하는 셋째 달이다. 듣는 힘이나 읽는 힘을 키우는 쪽에 너무 크게 비중을 두지 말고 '말하는 힘'에 비중을 두면 좋겠다.

아이가 들은 그대로 내뱉어봐야 한다. 혀를 직접 써봐야 하고 입술을 붙였다 뗐다 해봐야 한다. 노래 잘하는 가수의 노래를 듣기만 한다고 자기가 잘하게 되는 것이 아니듯, 그럴듯한 이론을 배운다고 잘하게 되는 것이 아니듯 직접 입 밖으로 소리 내서 해봐야 한다. 아이가 입 밖으로 소리를 내게 해주는 것이 핵심이다.

그런데 아이가 생각보다 따라말하기를 못할 수 있다. '아이들은 언어 습득의 천재', '아이들은 스펀지'. '아이들은 모방의 귀재' 이런 말에 내 아이를 맞추지 말고 내 아이에게 맞는 방법을 찾자.

아이가 처음에 잘 못 따라하면 무조건 해보라고 할 게 아니라 방법을 알려줘야 한다. 내뱉어본 경험이 많지 않아 감을 못 잡는 것이니 엄마가 먼저 따라 말하는 모습을 보여주자. 발음에 자신 없다면 "음~~~~~음~~음~" 허밍으로라도 해주면 좋다. 입을 다문 채 콧소리로 소리를 내주면 된다. 가사를 몰라도 멜로디만 알아도 허밍으로 노래를 부를 수 있듯이, 영어문장 따라말하기도 문장 자체를 몰라도 높낮이나 강세 등에 신경 써서 가이드해주면 아이가 훨씬 잘 받아들인다.

많이 들어서 input 양이 차면 output은 당연하다고 생각할지 모르는데 당연하지 않다. 수업을 많이 들었다고 해서 선생님처럼 바로 가르칠 수는 없다. 실제로 입 밖으로 소리를 내뱉어보는 연습이 필요하다. 한국어와 영어는 사용하는 입 근육이 다르기 때문에 더더욱 필요하다. 한국어 입 근육만 사용하여 굳어진 어른이 영어 입 근육을 사용했을 때 어색한 이유다. 아이가 어릴 때 영어 입 근육을 쓸 수 있게 따라말하기를 꼭 해주자.

주말에 봤던 책 앞쪽에 포스트잇을 붙이고 피아노 연습을 할 때처럼 동그라미 5개를 그려주세요. 아이가 책을 펼쳤을 때 나오는 페이지만 하루에 5회씩 읽는 거라고 하면 한 문장 정도는 쉽게 읽어낼 거예요. 뒤 페이지부터 거꾸로 읽게 하는 방법도 있어요.

따라말하기는 생각보다 쉽지 않으니 다양한 방식으로 어떻게든 입 밖으로 내뱉게 해주세요. 익숙하지 않은 낯선 걸 용기내서 해주는 아이의 행동을 칭찬해주세요.

셋째 주말
끄적끄적 자유롭게 해보는
워크북 활동

드디어 '3-3-3 엄마표 영어'의 마지막 주다. 이번 주말 1시간은 워크북을 활용해보는 것에 중점을 둘 것이다. 만약 아이가 많이 어리거나 소근육이 덜 발달되었다면 정교한 글쓰기는 힘드니 선긋기, 스티커 붙이기, 색칠하기 정도의 활동만 골라서 해줘도 무방하다.

　책을 살 때 워크북도 함께 구성된 것을 고르는 것이 좋다. 책만 있다면 줄 간격이 넓은 영어노트를 이용해 책에 나온 문장을 똑같이 따라 쓰는 정도만 해주자.

　보통 한 권당 한 권의 워크북이 딸려 있다. 책에 나온 단어들을 제시하고 그림을 제시해서 연관 있는 것끼리 선으로 연결하는 활동이 많이 나온다. 책 속의 장면을 주고 스토리 순서대로 번호를 적는 활동도 있다. 만약 책 속에 알파벳 b가 많이 나온다면 영어노트 모양에 b를 따라 쓰는 활동이 나올 수도 있다. 책 속의 주인공이 그려져 있고 색칠하라고 할 수도 있다. 책 속의 문장이 주어지고 빈칸에 들어갈 사이트워드를 찾게 할 수도 있다. 만약 동물과 관련된 내용이 나왔다면 가장 좋아하는 동물을 한번 그려보라고 할 수도 있다. 영어단어 철자를 순서대로 배열하는 것이 나올 수도 있다. 길 찾기가 나올 수도 있고 스티커를 붙여서 장면을 완성해야 할 수도 있다.

워크북 안에 나오는 내용은 여러 가지다. 물론 질문에 맞게 워크북을 풀어내서 정답을 맞히는 것도 중요하다. 하지만 그보다 중요한 것은 아이가 앉아서 뭔가를 끄적거려본다는 경험이다. 워크북을 100% 빠짐없이 다 활용해야 한다는 마음을 접고 몇몇 페이지만 해도 좋으니 아이와 책을 보고 난 다음 워크북을 푸는 경험을 시켜주자.

1번 책을 봤으면 1번 워크북을, 2번 책을 봤으면 2번 워크북을 풀어

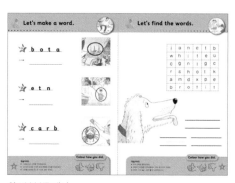

워크북 본문 예시

본다는 경험이 중요하다. 'book quiz'라고 생각해도 좋다. 책 속의 내용을 이해했는지 체크가 들어가는 정도다. '영어책을 보고 이렇게 책 속 내용으로 문제집을 푸는 거구나' 생각할

수 있게 말이다. 삐뚤빼뚤 잘
못 풀어도 괜찮다. 책상에 앉
아서 연필을 쥐고 뭔가 끄적
여보는 그 활동이 영어 쓰기
의 기초가 된다.

책에 끄적여보기

　아이가 쓰기활동을 거부한
다면 그냥 책 속 문장을 엄마가 크게 쓴 다음 덩어리로 잘라주자. 아이에
게 책을 보면서 문장 순서대로 배열해보게 하는 것도 좋다. 이러한 활동
도 일종의 쓰기활동이 될 수 있으니 손으로 쓰지 않는다고 걱정하지 말
고 일단 올바른 순서로 배열하며 문장을 한 번 더 볼 수 있게 해주자.

　반드시 워크북에 써야 하는 것도 아니다. 화이트보드나 영어노트, 색
종이, 스케치북 등에 책 속 문장을 똑같이 써보게 할 수도 있다. 책 속에
주인공 이름을 적어보라고 해도 된다. 책에 뭔가를 그려넣어도 괜찮다.
필기류도 꼭 연필이 아니더라도 상관없다. 크레파스, 색연필, 싸인펜 등
다 괜찮다.

　우리는 아직 시작 단계에 있다. 지금은 별거 아닌 것처럼 보이는 CD
틀어주기, 책장 넘겨주기, 소리 내뱉게 하기, 끄적이기 등이 나중을 위한
기초가 될 것이 분명하다.

　이러한 과정이 쌓이면 '글자집중듣기-따라말하기-워크북 활용하기'
까지 하루에 다 할 수 있는 날도 올 것이고, 한 주에 한 권 활용하던 것이

매일 한 권씩 활용하는 날도 올 것이다. 나중에는 영어소설책을 읽고 독해문제집을 푸는 날도 올 것이다.

평일
엄마표 영어
TIP

주말에 풀었던 워크북 중 다 못 푼 부분을 풀게 해주세요. 아이가 한 번 더 풀기 원하는 페이지는 아이가 풀기 전에 미리 복사해두는 센스! 아이에게 포스트잇을 주고 책 제목을 써보라고 하세요. 화장실 거울이나 냉장고 등 아이가 잘 가는 곳에 붙여두면 금상첨화!

마무리 주말
다른 영어책도 가능! 내 아이 속도만 맞추면 말문이 트인다!

'3-3-3 엄마표 영어'에서는 교재로 노부영, 씽씽영어, ORT를 제시했다. 만약 이미 전권을 다 활용했다면 다른 책에 위의 활용법을 적용해 엄마표 영어를 이어나가자.

노부영처럼 노래가 담긴 잉글리시에그, 씽투게더, 잉글리시타임과 같은 영어 그림책이나 마더구스를 흘려듣기, 그림집중듣기 방식으로 활용해줘도 좋다.

씽씽영어처럼 쉬운 영어 주제를 염두에 두고 만든 돌잡이영어, 베이비 사이언스, 베이비 올영어, 잉글리시타이거 등으로 주제별 영어놀이를 해주어도 좋다.

ORT처럼 스토리 자체가 재미있어서 글자집중듣기하기에 좋은 헬로리더스, 아이캔리드, 스텝인투리딩, 리드잇유어셀프 등과 같은 리더스북을 단계별로 활용해줘도 좋다.

활용기간 역시 조절이 가능하다. 첫째 달에 해당되는 내용을 석달 내내 해도 좋고 둘째 주말에 활용한 내용을 셋째 주말에 또 활용해도 좋다. '3-3-3 엄마표 영어'를 기준으로 큰 틀을 놓치지 않는 선에서 활용기간을 자유롭게 늘리기도 하고 줄이기도 하며 활용하기 바란다.

⇀ 3-3-3 엄마표 영어의 핵심 ↽

지금까지 세 가지 종류의 영어책을 3개월 동안 세 번의 주말에 집중적으로 활용해보았다. '3-3-3 엄마표 영어'를 완성한 것이다. 이쯤 되면 '3-3-3 엄마표 영어'의 핵심 포인트를 눈치챘으리라. 바로 모든 활동이 '일상과 연계'되며 '독서'와 관련이 깊다는 점이다. 다만 한글이 아닌 영어이기에 '영어소리'도 함께 간 것뿐이다.

그림집중듣기를 하면서 소리와 이미지를 매칭시킨 것은 '영어소리'가 아이와 상관없는 소음으로 기능하지 않도록 하는 행위였다. CD에서 흘러나오는 소리가 책 속의 그림과 책 속의 상황과 연관 있는 소리라는 사실을 알게 되는 것만으로도 영어소리에 '의미(뜻)'가 담겨 있음을 알게 되는 것이다.

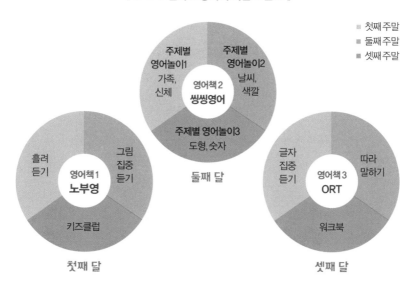

❙ 3-3-3 엄마표 영어의 핵심 포인트 ❙

■ 첫째 주말
■ 둘째 주말
■ 셋째 주말

주제별 영어놀이1
가족, 신체

주제별 영어놀이2
날씨, 색깔

영어책 2
씽씽영어

주제별 영어놀이3
도형, 숫자

둘째 달

흘려 듣기

그림 집중 듣기

영어책 1
노부영

키즈클럽

첫째 달

글자 집중 듣기

따라 말하기

영어책 3
ORT

워크북

셋째 달

그리고 나아가 아쿠아리움에서 본 그 물고기가 책 속에 나온 그 물고기와 상관있음을 아는 것, 동네 놀이터에서 탄 미끄럼틀을 영어 DVD 속 주인공도 탄다는 사실을 아는 것은 어떤 책(영상)을 보던 어떤 영어소리를 듣던 어떤 영어소리를 내뱉던 '일상과 상관있음'을 아는 것이다. 한마디로 '영어소리-책(책 속 이미지나 글자)-현실세계'가 맞물려 있다는 사실을 아는 것이 핵심이다.

영유아일수록 실제 현실세계와 영상이나 책 속의 비현실세계의 구분이 힘들고 그 개념 자체가 없다. 하물며 실제 사람이 나오지 않는, 예를 들어 뽀로로와 같은 가상의 캐릭터가 어떻게 일상과 자연스럽게 연계되겠는가. 아이가 크면서 알게 되긴 하겠지만 대부분의 아이들이 내리는 결론은 '저건 TV 속에서만 일어나는 일' 정도라는 사실이다.

'영어소리-책-현실세계'의 연계를 알려주어야 한다. 가령 '비누'가 나오는 책을 보고 난 뒤에 비누거품을 내는 활동을 하는 식이다. soap와 같은 영어단어 하나를 알게 되는 것보다 더 큰 것을 볼 줄 알아야 한다. 포인트는 현실세계와의 연계다. 아무리 영어노래를 줄줄 외고 책 속의 문장을 줄줄 외워도 그것이 무엇을 뜻하는 것인지 의미를 모른 채 내뱉는 것은 소용이 없다. 책 속의 까이유가 모기에 물려서 팔을 긁으면서 냈던 소리 "itchy"를 아이가 실제로 뭔가 몸이 간지러워 긁으면서 내뱉었을 때 의미가 있다. 상황에 맞는 말을 사용했다면 그 의미를 잘 파악했다는 것이다.

모든 사물에 각각의 '이름'이 있다는 것을 알게 되는 것은 그 본질을 규명할 줄 아는 것이다. 그런 의미에서 소리와 뜻의 매칭은 매우 중요하다. 이러한 작업은 [한글소리 : 이미지]에서만 이루어지는 것이 아니라 [영어소리 : 이미지]에서도 이루어진다.

이미지와 소리 매칭을 CD나 세이펜이 도와준다. 만약 여기서 멈춘다면 소리와 이미지 매칭으로 끝이겠지만, 그 이미지가 현실세계에도 있다는 사실을 초반에 알려주기만 하면 아이들은 앞으로 책을 볼 때 일상과의 연계를 자연스럽게 하게 된다. 바로 이 과정을 노부영, 씽씽영어, ORT로 해왔던 것이다.

⇥ 엄마표 영어, 이것만은 확실하게 잡자 ⇤

'3-3-3 엄마표 영어'의 핵심 진행방법 두 가지를 정리하면서 마무리하 겠다.

엄마표 영어를 진행하는 효과적인 방법이 많다. 영어 동요CD 듣기, 온라인도서관(e-book) 활용, 리틀팍스(애니메이션), 영어독해문제집 인 강 듣고 문제 풀기, 미니북 만들기, 영어 그림책 CD 틀어주기, 영어DVD 보여주기, 영어책 읽고 독후활동하기, 리더스북 읽고 워크시트 풀기, 팝 송 뮤비 보기, 문법문제집 풀기, 영어 역할극, 미드 보기, 영어일기 쓰기, 영어소설 집중듣기, 챕터북 집중듣기, 흘려듣기, 영어 단어카드, 영어 그 림책 읽어주기, 알파벳 게임, 영자신문 요약, 화상영어 등 정말 많은 엄 마표 영어 활용방법이 있다. 상황에 맞게 그리고 수준에 맞게 그때그때

┃ 집중듣기와 따라말하기의 인식 순서 ┃

집중듣기
그림 → 글자

따라말하기
단어 → 구 → 짧은 문장 → 긴 문장

적절히 활용해주면 된다.

하지만 이러한 활용법 중에서도 집중듣기와 따라말하기가 중요하다. 엄마표 영어는 '책'을 기둥으로 진행되고 영어는 소통을 위한 '언어'이기 때문이다. 다른 것은 다 잊어도 딱 두 가지! 집중듣기와 따라말하기는 꼭꼭 붙잡고 가길 바란다.

매번 재미있게 할 수 있는 워크시트 모음 'ORT 워크시트'

워크시트 다운

아이가 워크북을 또 풀고 싶어 하거나 책만 구매했을 경우에는 다음 사이트에서 워크시트를 다운받아 활용할 수 있다.

지금까지 준사마가 제안하는 3-3-3 엄마표 영어를 살펴보았다. 책에서는 '주말 1시간'이라고 정하고 주말 중심으로 플랜을 짰는데 꼭 주말이 아니어도 된다. 주중 요일을 하나 정해서 3-3-3 엄마표 영어를 진행해보자.

워킹맘이든 전업맘이든 주중 1시간을 확보해보자. 수요일이든 금요일이든 하루를 정해서 3개월 동안 꾸준히 실천해보자. 초기만 힘쓰면 어느새 엄마표 영어가 일상에 자리 잡을 것이다.

6장

특급 비결 4가지 공개!
이걸로도 안되면 학원에 보내야 한다

아이 영어가 되는 집은
유튜브 볼 때 이렇게 다르다

지금까지 엄마표 영어를 위한 마음가짐, 영어환경 만드는 방법, 영어책을 활용한 '주말 1시간 3-3-3 엄마표 영어'에 대해 이야기했다. '책'을 기둥으로 했기 때문에 '영어 영상'을 활용하는 법에 대해서는 거의 언급하지 않았다.

이번에는 영어 영상물에 대해 툭 터놓고 이야기해보겠다. 꼭 영어 때문이 아니더라도 '영상물'은 많은 엄마가 고민하는 부분인 데다, 생각이 다 정립되지 않은 채 보여주고 있는 가정이 대다수이기 때문이다.

우리 아이들은 '미디어 세대'다. 내가 중학교 때 삐삐라는 기계가 나왔고, 대학생이 되어서야 휴대폰다운 휴대폰을 접했다. 반면 우리 아이들은 태어나자마자 주변 환경이 모두 미디어인 시대에 살고 있다. TV는 기본이고 모두 손에 휴대폰을 들고 다니며 버스 앞에도 TV가 설치되어 있고 지하철을 타도 터치스크린으로 지하철 노선표를 볼 수 있는 세상이다. 내가 대학생 때 플로피디스켓에 자료를 저장해 논문을 제출했는데 아이들은 한글파일에 있는 저장버튼을 누르면서도 그 모양이 플로피디스켓인지 모르는 경우가 허다하다. 불과 10~20년 사이에 모두 벌어진 일이다. 컴퓨터 자격증 학원들은 거의 다 사라졌고, 70세 어르신도 스마트폰으로 유튜브를 보고 카톡으로 척척 채팅하는 시대가 된 것이다.

⇢ 무조건 금지가 답은 아니다 ⇠

이런 시대에 마냥 영상 시청을 금지할 수만은 없는 것이 현실이다. 집에서 금지를 시킨다고 밖에서도 금지되는 것도 아니고 학교 수업에서조차 영상물 활용이 빈번한 시대인 것이다. 그렇다면 이제는 보여줘야 하냐 말아야 하냐를 고민할 때가 아니라 어떻게 보여주는 것이 올바르게 보여주는 것인가를 고민할 때라는 말이 된다.

우선적으로 이야기해야 할 부분은 '영상물을 보여줘야 한다면 과연 몇 살 때부터 보여주어야 하는가?'다. 아무리 생각해도 갓난아기한테 영상물을 보여주는 것은 아닌 거 같은데 과연 언제부터 마음 놓고 보여줄 수 있는지 정확한 기준이 필요하다.

영상물 시청 기준 세우기

미국 소아청소년과 협회(AAP)의 유아 영상시청 지침

- 18개월 미만 아동, 영상 통화 목적 제외한 영상 기기 사용 금지
- 디지털 미디어 시청을 고려하는 18~24개월 부모는 고품질 프로그래밍을 선택하고 자녀와 함께 시청하여 아이들이 보고 있는 것을 이해해야 한다.
- 만 2~5세 아동의 경우 영상 시청은 하루 1시간으로 제한한다. 이 경우에도 부모들은 아이들과 함께 시청한다.
- 만 6세 이상 어린이의 경우, 규칙적이고 시간 제한을 두어 시청 시간이 수면 및 신체 활동에 방해가 되지 않도록 한다.

캐나다 소아학회 지침

- 만 24개월 미만의 아이에게 영상 시청은 권장하지 않는다.

우리 집 영상 시청 규칙 예시

① **이번 년도부터 영상물은 영어로만!**

② **주말에만 영상 보기!**

　　ex. 월, 수, 금에만 영상 보기, 5시부터 6시까지만 영상 보기

③ **영상 시청 후 액션!**

　　ex. 리틀팍스 영상 1개당 3문장 외워서 말하기, 디즈니 영상에 나오는 노래 가사 블랭크 채우기, 역할극 놀이하기, 어떤 내용이었는지 스토리를 한국말로 말해보기

　　많은 뇌과학자가 영상물을 시청하는 동안 뇌가 활동하지 않는다고 말한다. 나도 전문가들의 의견에 동의하는 바다. 특히 24개월 이전에는 영상물을 보여주지 않는 것이 좋다.

이 사실을 몰랐던 나는 첫째아이에게 6개월경부터 TV를 보여줬다가 크게 후회했던 경험이 있다. 반년 만에 TV중독이 된 아이는 리모컨을 뺏으면 리모컨을 줄 때까지 울음을 그치지 않았다. TV중독이 된 아이에게 돌이 지나 16개월이 거의 다 되어서야 '책육아'를 시작했다.

TV의 알록달록하고 움직이는 화면, 재미나고 생생한 소리가 얼마나 자극적이었을까. 거기에 비하면 현실세계는 얼마나 정적이었을까. 중요한 시기에 큰 시행착오를 겪었지만 결국 그 일로 인해 우리 집은 '주말 아침에만 영상물 시청 가능'이라는 규칙을 세웠고 지금까지 잘 지키고 있다. 오랜 시간 노출되는 영상물이 얼마나 좋지 않은지 직접 경험해보았기 때문에, 영상물이 아니어도 아이와 할 수 있는 게 많은 세상이라는 걸 알기 때문에 가능했다. 전문가들이 괜히 존재하는 것이 아니다. 되도록이면 24개월 전에는 영상물 노출을 금지하자.

⤙ 아이들에게 좋은 영상물 ⤚

24개월이 지났다고 해서 이제부터는 마음껏 보여줘도 괜찮을까? 죄책감을 갖지 말고 보여주되 규칙을 정해서 보여줘야 한다. 아이의 영상물 시청 문제는 끝나지 않는 전쟁과 같다. 관건은 '좋은 영상 선별하기'와 '규칙 지키기'다. 아이들에게 좋은 영상이란 뭘까?

첫째, 현실세계가 잘 반영된 영상이다. 아이가 어릴수록 너무 비현실적인 내용보다는 현실세계에도 일어날 법한 일들을 다룬 영상을 보여주자. 아이들은 옆에 실제 고양이가 앉아 있어도 TV 속 고양이와 옆에 있는 고양이를 매칭시킬 줄 모른다. 심지어는 TV화면에 자신의 모습이 나와도 보자마자 알아보는 것이 아니라 한동안 멍하니 있기도 한다. 시간차(녹화)의 개념이 없기도 하고 TV 속 화면은 다른 세상이라고 인식해서다. 어른입장에서는 엄청 당연한 일인데 아이들에겐 당연하지 않은 것이다.

아이가 클 때까지 매번 그렇게 해줄 필요는 없지만, 영상 속에서 일어나는 일이 현실과 동떨어진 것이 아니라 현실에서도 일어나는 일이라는 것을 인식시켜주는 작업이 필요하다. 이러한 영상 내용과 일상과의 매칭은 영상 속에서 딸기 먹는 장면을 봤다면 현실에서도 딸기를 먹는 것처럼 실천하기에 그리 어렵지 않다. 진짜 실물로 딸기를 만져보고 냄새도 맡아보고 맛도 보는 직접 경험을 시켜주는 것이다.

둘째아이가 7살 때 두발자전거를 타기 시작했는데 까이유가 자전거 타는 모습을 보면서 자기보다 못 탄다고 했던 기억이 난다. 그 당시에는 까이유가 만들어낸 캐릭터라는 사실까지는 몰랐지만(까이유가 어느 나라에 사냐고 물어본 적도 있다) 영상 속에 나오는 인물이 한 행동이 실제 세계에서도 일어나는 행동이라는 것의 매칭은 되어 있었다.

상상력, 창의력 다 중요하겠지만, 터무니없는 인물이 나오는 영상물만 보여주는 것은 조심해야 한다. 그건 나중에 해도 된다. 우선 일상이 많이 그려진 영상물을 보여주고 매칭 작업을 해주도록 하자. 엄마표 영어 초기에 그렇게 해주면 그다음부터는 아이들이 영상만 봐도 현실과 구분할 줄도 알고, 그 영상이 현실세계와 상관있는 내용이라는 것도 알게 된다.

둘째, 화면이 천천히 넘어가는 영상이다. 화면이 천천히 넘어가는 영상 대부분은 스토리가 단순하다. 그러다 보니 "Yummy yummy" 소리가 나오는 장면을 보면서 '아~ 맛있는 걸 먹고 있구나'라고 그 뜻을 파악할 수 있다. "Ouch!"라는 소리가 나올 때 넘어지는 장면을 얼마간 볼 수 있어야 '아~, 넘어져서 아프구나' 하고 알 수 있는데 화면이 바로 넘어가 버리면 뜻을 직관적으로 파악하기 어렵다.

화면이 천천히 넘어가는 영상은 자극적이지 않다. 너무 빠르게 휘몰아치는 장면은 아이에게 버거울 수 있다. 잠깐이라도 아이가 생각할 여유가 있어야 다음 장면을 예상하는 시간도 벌 수 있다.

까이유, 티모시네 유치원, 도라, 세서미 스트리트, 슈퍼와이, 아서, 푸우, 페파피그, 맥스앤루비(토끼네 집으로 오세요), 리틀 아인슈타인, 벤 앤 벨라, 선물공룡 디보, 꼬마버스 타요, 뽀로로 등은 화면이 빠르게 넘어가지 않아서 다음 장면을 예상하기에 좋은 적절한 영상물이다.

⇀ 영상 시청 규칙 정하기 ↽

영상물 중에는 좋은 콘텐츠도 많다. 책으로 100% 전달할 수 없는 부분을 채워주는 영상도 분명히 있다. 좋은 영상물을 보여주되 규칙을 정해서 보여줘야 한다. 모든 집이 일관되게 규칙을 정할 필요는 없다. '우리 집만의 영상 시청 규칙'을 만들어서 일관성 있게 지켜나가자.

엄마가 양질의 콘텐츠를 보여준다면 내용 걱정은 하지 않아도 된다. 단, '약속', '절제'라는 태도 문제를 해결해야 한다. 볼 수 있는 요일이나 시간을 정하자. 최대 2시간을 넘기지 않는 것이 좋다.

이렇게 규칙을 정해놓으면 아이가 1시간 보기로 한 날 2시간을 보게 되었을 경우 미안해하거나 불편해한다. 맘 편히 볼 수 있는 시간을 정해두었기 때문에 그 외의 시간에 시청할 때는 마음이 불편해지는 것이다. 기준과 경계가 없이 보고 싶은 대로 봐버리면 영상물을 보는 것을 당연하게 여긴다. 하지만 규칙이 있으면 엄마가 에피소드 하나를 더 보게 해줬을 때 고마워한다!

하고 싶은 것만 하고 살 수 없는 것이 세상이다. 하고 싶어도 참아야 하는 게 있다는 걸 배워야 하며 규칙을 지켰을 때의 뿌듯함도 느껴봐야 한다. 영상물을 볼 수 있는 집안 환경을 당연하게 여기는 것이 아니라 감사할 줄도 알아야 한다.

아이는 아이다. 어른이 아니다. 아이가 자꾸만 자기만의 기준을 설정하려고 하는데 아이이기 때문에 그 기준에 시력, 뇌, 규칙, 밥 먹을 때 TV

를 찾는 나쁜 습관의 생성, 생활패턴의 깨짐, 영상을 보느라 포기되는 다양한 학습과 경험 등 주의해야 할 내용에 대해 따져볼 수가 없다. 엄마는 어른으로서 올바른 기준을 정해주는 사람임을 꼭 인지시키자.

"엄마는 너를 사랑하기 때문에 네가 아무리 사탕을 좋아한다고 해도 많이 사줄 수 없어. 사탕을 달라는 대로 많이 주면 좋은 엄마일까? TV도 마찬가지야. 잔소리 안 하고 그냥 냅두면 엄마는 정~말 편하거든. 그런데 엄마는 엄마니까, 말하기 귀찮고 힘든 날도 너에게 말해줘야 해. 그게 엄마의 역할이야."

규칙을 지키지 않고 실컷 보고 나서 잘못했다는 느낌이 들어야 한다. 오히려 당당해한다면 부모의 권위가 상실된 것이다. 아이에게도 염치라는 것이 있다. 정확하게는 모르지만 어떤 게 옳은 일이고 어떤 게 잘못한 일인지에 대한 감각이 있다. 지내면서 조금씩 규칙이 어그러질지는 모르지만 아예 규칙이 없는 무법 상태로 지내는 것은 정말 안 된다. 그러니 '우리 집만의 영상시청 규칙'을 만들고 일관성 있게 지키도록 해주자.

좋은 영상물을 선별하고 규칙도 정했다면 이제는 어떻게 활용하는 것이 잘 활용하는 방법인지 알아보자. 이왕 보여줄 거라면 잘 활용해서 효과를 극대화하는 것이 좋지 않겠는가. 책만 봤을 때보다 책과 관련된 활동을 했을 때 더 효과가 커진다. 이번에도 책과 연계시키자. 이왕 보여줄 거라면 DVD만 있는 영상물보다는 '연관된 영어책이 있는 영상물'로 보여주자는 것이다.

다음 목록은 관련되는 영어책이 있는 영상물 40선이다.

영어책이 있는 영상물 40선

Miffy 미피

Maisy 메이지

Spot 스팟

Peppa Pig 페파피그

Timothy Goes to School 티모시네 유치원

DORA the EXPLORER 도라

The Baby Triplets 우리는 세쌍둥이

Barbapapa 바바파파

Max and Ruby 맥스 앤 루비

Caillou 까이유

The Berenstain Bears 베렌스타인 베어즈 (우리는 곰돌이 가족)

Little Bear 리틀베어

Mr. Men and Little Miss 미스터맨과 리틀미스(EQ의 천재들)

Cocomong 코코몽

Dibo 선물 공룡 디보

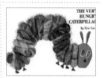

The Very Hungry Caterpillar 배고픈 애벌레

Clifford 클리포드

Bob the Builder 밥 더 빌더

Toopy and Binoo 빅마우스 투피와 비누

PAW PATROL 퍼피 구조대

PJ Masks
파자마삼총사

Octonauts
바다탐험대 옥토넛

Thomas & friends
토마스와 친구들

Little Einsteins
리틀 아인슈타인

The Peanuts
피터츠
(스누피와 찰리 브라운)

Dr.Seuss
닥터수스

Super WHY
슈퍼와이

Tilly and Friends
틸리와 친구들

The Rainbow Fish
무지개 물고기

Robert Munsch
로버트 먼치

Curious George
큐리어스 조지

Little Princess
리틀 프린세스

Milly, Molly
밀리, 몰리

Angelina Ballerina
안젤리나 발레리나

Charlie and Lola
찰리와 롤라

Arthur
아서

**The Sesame
Street**
세서미 스트리트

OLIVIA
올리비아

Eloise
엘로이즈

**The Magic
School Bus**
신기한 스쿨버스

→ 영상물 활용한 엄마표 영어 ←

나는 아이가 좋아하는 영어 영상물이 생기면 관련 책을 꼭 사줬다. 책이 오면 방바닥 아무 데나 둔다. 어느 순간 조용해서 들어가 보면 예상대로 책을 보고 있다. 물론 영어글자를 읽는 것은 아니다. 책 속에 나온 장면을 뚫어져라 쳐다보는 것이다.

영상물을 활용하면 책을 한 번이라도 더 보게 되는 효과가 있어서 책과 덜 친한 아이를 끌어들이는 데도 효과적이다. ORT는 매직키라는 영상이 있고 튼튼영어와 잉글리시타임에도 DVD가 포함되어 있으니 책을 살 때 아예 DVD 구성이 있는 것으로 사는 것도 방법이다.

웬만한 영어 DVD는 웬디북에서 거의 다 판매하지만 영어 DVD를 매번 사주는 것이 여의치 않다면 리틀팍스(www.littlefox.co.kr)를 추천한다.

영어 애니메이션을 단계별로 볼 수 있는 사이트다.

리틀팍스

아이가 재밌게 본 영상을 프린트해서 미니북으로 만들어줄 수도 있고(프린트된 장면을 엄마가 스테이플러로 묶어 찍기 전에 아이에게 배열하게 해보면 좋다) 퀴즈도 제공하고 있어 활용하기 좋다. 둘째아이는 리틀팍스를 좋아해서 "또또또"를 자주 외친다. 그래서 영상 속에 나왔던 영어문장 3개를 외우면 다음 영상을 보여주는데, 또 보고 싶은 마음 때문인지 술술 잘 외운다. 이제는 외우는 문장의 양도 많아졌고 문장 길이도 길어졌다.

첫째아이는 그림 형태보다 사진 형태로 된 논픽션 리더스북을 좋아했다. 그때 많이 활용했던 영상이 내셔널지오그래픽이었다. 유튜브에 'national geographic shark'라고 검색해서 상어와 관련된 실제 영상을 보여주는 식이다. 그렇게 영상물을 보여주고 나면 shark 영어책을 더 자주 꺼내서 봤다. 리더스북 후기 단계에서 아서 챕터북으로 넘어갈 때 활용했던 영상은 Arthur(아서 시리즈)였다.

영어소설로 넘어가는 견인차 역할을 했던 것도 영상물이었는데 쥬만지, 파퍼씨네 펭귄들, 찰리와 초콜릿공장 등 영어소설을 영화한 것을 보여주었다. 영화를 재미있게 본 뒤에 영어소설을 읽게 해주었다. 영화를 보면서 영어권의 문화와 그 분위기를 배우는 데 도움도 받았다. 영어소설 집중듣기를 잘하면 보상으로 관련 영화를 보여주었다. 엄마표 영어를 하다가 아이도 엄마도 지치는 시기에 영어 영상물을 틀어주고 편하게 보낸 날도 있었다.

하지만 영어 영상물도 영상물은 영상물이다. 영어실력을 키울 수 있는 영상물이니까 괜찮다는 생각은 위험하다. 아무리 영어듣기 임계량이 쌓인다고 해도 하루 3시간씩 보여줄 일은 더더욱 아니다. 영상물은 상호작용이 없는 일방적 input이기 때문에 말더듬이 현상이나 함묵증과 같은 언어적인 문제가 올 수도 있다. 이왕이면 진짜 사람과 상호작용하는 것, 주거니 받거니 눈빛을 보면서 대화하는 것이 가장 좋다. 아이가 커서도 영어책보다 영상물이 더 우선시되지 않도록 주의해야 한다.

아이가 3시간 동안 영상물을 본다고 하면 3시간 동안 신체활동, 여러 가지 경험, 다른 학습적인 부분, 생활습관 익히기 등 다른 활동을 할 기회를 잃는 것이란 사실도 생각해야 할 부분이다. 또 오래 본다고 해서 그 시간만큼 차곡차곡 잘 쌓이는 것도 아니다. 눈과 귀가 사로잡혀 있는 것이지 긴 에피소드를 모두 이해할 수 있는 신체나이가 아니라는 걸 명심하자.

영어를 몰라도
수준에 딱 맞게 책 고르는 법

엄마표 영어에서 영어책 수준을 알맞게 높여주는 게 중요할 텐데 여기서 문제가 발생한다. 영어책 난이도에 대한 감을 잡기가 어렵다는 것이다. 한글책은 언뜻 보아도 책의 난이도가 감이 오고 바로 그 자리에서 엄마가 읽어볼 수도 있고 관련 정보도 얻기 쉬운데 영어는 대충 감을 잡는것조차 어렵다. 하지만 참 감사하게도 정말 좋은 소식이 있다. 모든 영어책에는 '북레벨(Book Level)'이 있다는 것이다.

초등학교 도서관에 가면 1학년 권장도서, 2학년 권장도서, 3학년 권장도서와 같은 식으로 권장도서가 학년별로 구분되어 있는 것을 볼 수 있다. 1학년 권장도서는 1학년이 읽으면 좋을 책이라는 뜻이다. 아이를

미국 중북부의 위스콘신 주 세인트빈센트 드 폴 스쿨의 북레벨 스티커
출처: SBS모닝와이드 〈겨울방학이 우리 아이를 바꾼다〉

위해 초등학교 도서관에 가서 책을 대여한다고 생각해보자. 3학년 학부모라면 3학년 권장도서를 고를 확률이 높지 않겠는가?

모든 영어책에 수준을 측정할 수 있는 기준이 존재하는데 그것이 바로 '북레벨'이다. 학년별 권장도서 몇 권을 구분해둔 정도가 아니다. 도서관에 있는 모든 책의 한 권 한 권마다 붙은 스티커로 '몇 학년 몇 개월'에 읽으면 좋을지 파악할 수 있다.

4.0~4.9레벨의 책에는 빨간색으로, 6.0~6.9레벨의 책에는 노란색으로 색깔 스티커가 붙어 있는 식이다. 책등에 붙어 있기 때문에 책을 꺼내 보지 않아도 꽂혀 있는 상태 그대로 책 수준이 구분된다.

만약 4학년 아이라면 4.0~4.9레벨에서 책을 찾는 게 좋고, 4학년이지만 책 읽는 수준이 낮다면 3.0~3.9레벨에서 책을 찾으면 좋다. 특히 4레벨, 5레벨 식의 표현이 아닌 5.7, 2.1과 같은 표현을 사용하는 것을 볼 수 있는데 5.7이라는 것은 5학년 7개월을 나타내고 2.1이라는 것은 2학년 1개월을 뜻한다. 몇 권의 책들만 구분된 것이 아니라 도서관 전체에 모두 이런 식으로 색깔 스티커가 붙어 있다 보니 선택의 폭이 좁다고 할 수도 없다.

⤙ 책을 고를 땐 북레벨을 참고한다 ⤚

북레벨은 내가 영어를 잘 못하지만 아이들에게 영어환경을 만들어줄 수 있었던 가장 큰 이유라 할 수 있다. 엄마표 영어에서 영어책이 차지하는 비중이 매우 높기 때문에 아이 수준에 맞는 책을 고를 수 있는 방법을 몰랐다면 참 힘들었을 것이다. 특히 초기와 중기를 거쳐 후기로 넘어가는 그 시점에 북레벨을 알고 있어서 정말 많은 도움을 받았다. 괜히 챕터북과 영어소설을 보고 겁낼 필요가 없었다. 어차피 내가 가르칠 것도 아니고 아이 수준에 맞는 책만 잘 골라주면 되는 것 아닌가.

그림책은 그림이 많고 리더스북은 1레벨, 2레벨이 표시되어 있어서 괜찮은데 챕터북쯤 가면 북레벨을 가늠하기 힘들어진다. '내 아이는 공룡을 좋아하니까'라며 dinosaur로 검색해서 책을 사줄 경우 큰코다칠 수도 있다. 책 표지와 실제 문장에 사용된 단어와 이야기의 깊이가 나를 수 있기 때문이다.

실제로 BL 1.9~2.0의 초기 챕터북을 읽어야 하는 아이에게 공주를 좋아한다는 이유만으로 『Tiara Club(티아라 클럽)』을 읽힌 엄마가 있었다. 이 책은 BL 3.7 이상이기 때문에 아이가 읽지 못하는 게 당연한데 아이가 왜 챕터북으로 넘어서지 못하느냐며 답답해했다. 이런 우를 범하지

수준에 맞는 영어책을 고른 방법 예시

북레벨
검색
사이트

① 아이가 혼자서 읽을 수 있는 책의 제목을 북레벨 검색 사이트(www.arbookfind.co m)에서 검색한다. "BL : 3.2"와 같이 표시된 것이 바로 북레벨이다(BL은 Book Level의 약자다).

② 도서관 사이트(www.librarything.com)에 들어가서 오른쪽 상단 검색창에 "BL 3.2"라고 친다. 왼쪽 [Tags]를 누른다. "BL 3.2 (338 uses)"를 클릭한다. 그러면 북레벨 3.2에 해당하는 책들이 모두 뜬다.

북레벨로
책 검색이 가능한
도서관 사이트

③ 책 표지 그림이나 제목 중 아이가 좋아할 만한 관심사가 있다면 바로 책 제목을 복사해둔다. 아이가 야구를 좋아하면 두 번째 책인 『The Lucky Baseball Bat』을 복사하는(Ctrl+C) 것이다.

④ 영어책 전문 온라인 서점에서 책 제목 『The Lucky Baseball Bat』을 붙여넣기(Ctrl+V)한다. 만약 판매하지 않는다면 그냥 네이버 창에 검색해도 Yes24나 온라인 중고서점 등 판매처가 뜰 것이다.

⑤ 아이가 편하고 만만한 책을 설렁설렁 읽기 원했을 땐 BL 2.7 정도를 검색했고 조금 더 올려주고 싶을 때는 BL 3.5를 검색하는 식으로 했다.

표지를 보고 아이가 고르게 하는 것도 좋은 방법이다. 모든 레벨의 책이 있는 상태에서 고르는 것이 아니라 동일 레벨에서 고르는 것이기 때문에 아이 수준에 맞지 않을 위험성이 낮다.

않기 위해 북레벨을 알아두면 엄마의 영어실력이 부족해도, 아이의 영어 수준이 많이 올랐어도 엄마표 영어 진행이 가능하다. 초반에만 가능한 것이 아니라 아이가 커서도 계속 가능하다.

⇉ 북레벨의 본질을 흐리지 말기를 ⇇

정말 주의할 점이 있다. 바로 본질을 놓치지 말아야 한다는 점이다. 엄마표 영어는 다른 곳에서는 흉내낼 수 없고 집에서만 해줄 수 있는 그 무엇이 있기에 '엄마표'인 것이다. 영어책을 기둥으로 활용하기에, 내 아이에게 적합한 영어책을 알아보라는 의미로 북레벨에 대해 이야기한 것이지 글밥 늘리기 콘테스트를 위해 이야기한 것이 아니다.

집은 북레벨 테스트기관도 아니고 단계별로 프로그램화되어 있는 교재를 사용하는 영어학원도 아니다. 만약 북레벨 올리기가 목표라면 체계화되어 있는 학원에 보내면 될 일이다. 일상에서 영어를 자연스럽게 익히게 해주는 것은 다른 어떤 것으로도 대체할 수 없는 엄마표 영어의 장점이 아닌가. 내 아이가 이번 달에 이 책을 읽었으니 다음 달엔 이 책을 읽어야 한다면서 수준별로 딱 정해놓을 것도 아니고, 다음 달에 반드시 더 높은 레벨의 책을 읽어야 한다는 법도 없다.

첫째아이는 3학년 때 BL 4.7에 해당하는 『Charlie and the Chocolate Factory(찰리와 초콜릿공장)』 소설을 읽을 수 있을 만큼 성장했지만, 나에겐 글밥 늘리기보다 아이의 정서 나이와 그날그날의 아이 컨디션이 더 중요했다.

영어글자를 읽을 줄 안다고 해도 그 속에 담긴 깊은 뜻까지 파악하는 것은 다른 문제다. 그 책이 아니어도 읽을 수 있는 양서가 많은데 굳이 유명하다는 이유와 북레벨이 높다는 이유로 너무 잔인하거나 심오한 내용이 담긴 영어소설을 권할 이유는 없었다. 『Holes』는 유명한 영어소설이고 BL 4점대여서 잘 읽을 수 있을지라도 아이가 원치 않는 분위기여서 패스했다.

한때는 아무것도 모르고 아이가 BL 6점대의 『Harry Potter(해리포터)』시리즈를 읽길 원했지만, 막상 그 정도의 실력이 되니 오히려 해리포터를 반드시 읽지 않아도 괜찮다는 생각이 들었다. 실제로 첫째아이는 『해리포터』보다 『Warriors(워리어스 고양이전사들)』, 『How to Train Your Dragon(드래곤 길들이기)』, 『Boy(로알드 달의 발칙하고 유쾌한 학교)』, 『The Wimpy Kid(윔피 키드)』를 더 잘 봤고 좋아했다. 1점대든 2점대든 3점대든 상관없이 '칼데콧 수상작'을 편하게 보게 하고, 관련 영화를 보게 했다. 책을 보고 같이 이야기 나누는 게 목표였지 BL 올리기가 목표가 아니었기 때문이다.

둘째아이의 경우, 그림을 많이 보라고 알파벳 음가를 알려주는 시기를 일부러 늦추기까지 했다. 글자를 보느라 영어 그림책을 오롯이 느끼지 못할까 우려되어서였다.

엄마표 영어는 글자 읽기 레벨 올리기 시합이 아니다. 누가 더 빨리 책 수준 올리느냐 싸움이 아니라는 뜻이다. 한 권을 읽더라도 제대로 느끼면서 문학작품으로 받아들일 수 있게, 교재가 아닌 책으로 받아들일 수 있게 해주는 것이 관건이다.

BL 높이는 데 급급하지 말 것을 당부하고 또 당부한다. BL은 어디까지나 어느 정도의 기준점을 찾기 위한 것으로 이해해야 한다. 아이가 책만 봐도 예뻤고 아이가 꼬물꼬물 끄적이기만 해도 예뻤고 뭐라고 말도 안 되는 영어를 내뱉어도 기특했던 것을 잊지 말아야 한다.

엄마표 영어에 대해서 아는 게 많아질수록 자꾸 집을 학원화하는데 이 점을 주의해야 한다. 북레벨은 어디까지나 엄마가 감이 안 올 때 도움을 받는 참고자료이지 권장용이 아니다. 엄마들도 깊이 있는 책도 읽고 쉬운 잡지도 읽고 하듯이 아이도 수준 높은 책, 수준에 맞는 책, 수준보다 쉬운 책을 그때그때 읽는 것이지 늘 수준을 높여나가야 하는 것은 아니다. 그리고 레벨이 맞아도 아이가 관심 없는 내용의 책은 읽지 않기도 하고 관심 있는 책은 레벨이 높아도 읽기도 하니 절대 기준치로 보지 말고 제발 참고만 하면 좋겠다.

나는 영어사교육은 절대 안 된다는 주의는 아니다. 필요하면 활용해야 한다고 생각한다. 하지만 아이가 어릴 때부터 30만 원 이상씩 되는 어학원과 100만 원 이상씩 되는 영어유치원을 보낼 필요는 없다고 생각한다. 나에게 억만금이 있고 내 아이들이 어렸을 때로 돌아간다고 해도 정말 안 보낼 것이다. 현재 우리 집에서 영어교육에 드는 돈은 리틀팍스

1년 결제액 14만 4,000원이다.

뭐든 시작은 좋은 취지로 했던 것이 시간이 갈수록 점점 극단으로 치우치게 되는 것 같다. 정보도 실력도 많아지면서 아는 게 많아지면 오히려 패단이 일어나는 현상이 있다. 알면 좋지만 그것을 알았다고 신봉하듯 빠져드는 것은 위험하다. 방향을 올바르게 잡았으면 그만이다. 진짜 본질만 놓치지 말고 주객전도 되지 않도록 하자. 다른 것이 주가 되지 않도록 하자.

엄마표 영어다. 엄마가 같이한 이유가 뭐였는가. 이 길을 택한 이유가 무엇인가. 책을 매개체로 대화를 하게 되고 아이의 속내를 알게 되고 그렇게 부모와 자식 간 관계까지 챙길 수 있음을 잊지 말자. 본질을 놓치지 말자.

엄마와 아이가
영어놀이하기 좋은 타이밍 잡는 법

엄마표 영어는 일단 시작하기만 하면 지금까지 한 게 아까워서라도 멈추기 힘들고, 습관이 들어서 계속하게 되고, 계속하게 되면 엄마표 영어 초기를 나도 모르게 지나게 된다는 것이 특징이다. 초반에만 에너지가 든다.

그런데 그 첫 힘을 낼 때도 요령이란 게 있다. 무작정 페달을 밟는 것이 아니라 처음에 발로 땅을 굴러주는 '디딤'이 있을 때 자전거 타기가 조금 더 수월해지듯 3-3-3 엄마표 영어를 할 때도 요령을 알면 초반에 힘을 내는 게 쉬워진다.

⇥ 루틴에 새로운 행동 추가하기 ⇤

결론부터 말하겠다. 실천력을 높이는 가장 좋은 방법은 이미 하고 있는 행동에 새로운 루틴을 추가하는 것이다. '디딤'에서 '페달'로 연결해주었듯이 이미 하던 것에 영어도 연결해주는 것이다. 이미 습관이 잡혀 있는 익숙한 것에 새로운 것을 연결해주면 낯선 것도 덜 낯설게 느껴지고 에너지도 덜 들게 느껴지는 방식이다.

하나하나 떨어뜨려서 하려고 하면 개수만 많아 보이고 할 일만 많아 보인다. 놀이 따로, 독서습관 따로, 영어 따로가 아니라 아이랑 어차피 노는 거 책놀이하고, 어차피 책놀이할 거 영어책놀이하는 거다. 아이는 매일 밤 잠자리에 든다. 매일 눕는 머리맡에 세이펜을 갖다놓자. 이미 하고 있던 것에 연결해주는 것이 바로 실천력을 높이는 포인트다.

하지만 처음에는 의식적으로 실천하려고 노력해야 한다. 눈에 안 보이는 것을 보이는 형태로 끌어내면 좋다. 시각은 행동에 큰 영향력을 미치기 때문이다. '불금-영어 그림책 선택'이라고 적어서 냉장고에 붙여보자. 토요일이나 일요일에 1시간 동안 어떤 그림책으로 진행할지 찾아놓는 것, 오디오 옆에 그 그림책과 관련된 CD를 꺼내놓는 것. 딱 거기까지만 하자.

처음에는 의식적으로 해야겠지만 이 작은 행동으로 나중에는 금요일 밤마다 그림책을 찾고 있는 당신을 발견하게 될 것이다. 그리고 그게 너무 익숙해져서 뭔가 더 추가해도 부담스럽지 않아질 것이다.

⤙ 엄마와 아이 모두 컨디션 좋을 때가 최고의 타이밍 ⤚

워킹맘이건 전업맘이건 모두 다 피곤한 건 마찬가지다. 그래서 더욱 '타이밍'이 중요하다. 피곤한 몸으로 매일매일 엄마표 영어에 신경 써준다는 것은 쉽지 않다. 저녁 먹이고 씻기고 재우기 바쁜 게 현실이고 한글책 한 권 읽어주기도 벅찬 것이 현실이기 때문이다. 이런 현실 속에서 체력이 바닥인 엄마가 진 빼면서 힘들게 매일 엄마표 영어를 하는 것보다 주말에 컨디션 좋을 때 집중해서 바짝 1시간 해주는 게 더 현실적인 대안이 된다.

평일에는 환경만 만들어준다고 생각하자. 아이 놀 때 영어 CD 틀어주는 정도만 하고 뭐 보고 싶다고 하면 올해부터는 영어로 된 것만 된다고 말해주고 영어 영상 틀어주는 것 정도만 신경 쓰자. 영어책 읽어주고 독후활동까지 해주는 것은 현실적으로 벅차다는 것을 안다. 그건 주말에만 바짝 해주자.

포인트는 '타이밍'이다. 예를 들어 아이가 듣기 싫은 소리여도 꼭 가르치고 넘어가야 할 부분이 있다. 진짜 그냥 넘기고 싶은 충동이 일어나는 그것, 하지만 꼭 알려줘야 하는 그것, 아이 입장에서는 듣기 싫은 잔소리일 수도 있는 그것. 안 할래야 안 할 수 없는 거라면 이왕 하는 거 효과가 높을 때 들이대자! 아이가 들을 준비가 되어 있을 때, 특히 놀고 들어와서 기분이 좋을 때 말이다. 일상 이야기를 하다가 "그런데 너 오늘 아침에 엄마한테 좀 심했던 건 알지?"라고 하면 그 당시에 백번 말해도 흡수

되지 않던 이야기도 금방 수용된다.

이런 것까지 신경 쓰려니 참 고되고 귀찮은가? 오히려 즐겁다고 생각되는 날도 있을 것이다. 아이랑 대화가 통하는 것이 얼마나 행복한지 맛본 날, 감정과 의사를 표현할 줄 아는 아이가 얼마나 멋져 보이는지 깨달은 날 말이다. 게다가 내가 키운 아이가 다음 세대의 건강한 사회 구성원이 된다고 생각하면 얼마나 뿌듯한지!

엄마표 영어도 마찬가지다. 엄마와 아이의 신체 컨디션과 정서 컨디션이 좋을 때가 최고의 타이밍이다. 엄마표 영어가 아무리 좋아도 엄마와 아이 몸 상태가 안 좋을 때 진행하는 것은 독이 되고 기분이 안 좋을 때 하는 것도 독이 된다. 그래서 워킹맘에게 평일에 무리해서 진행하기보다 주말에 바짝 1시간 진행하는 것이 더 효과적이라고 자신 있게 말하는 것이다.

주말 아침 평일에 못 잔 늦잠도 자고 아점을 해먹고 놀이터에서 바깥바람을 좀 쐬고 들어와 엄마표 영어를 하면 가장 좋은 타이밍이지 않을까 싶다. 저녁에 해도 되지만 주말이다 보니 다른 스케줄이 생길 확률이 높으니 이왕이면 저녁이 되기 전에 하자.

하지만 이것은 보편적인 타이밍일 뿐 어떤 아이들은 일어나자마자가 제일 좋은 컨디션이기도 하고, 어떤 아이들은 씻고 밥 먹은 뒤가 제일 좋은 컨디션이기도 하다. 어떤 아이들은 놀고 들어오면 더 피곤해할 수도 있다.

내 아이의 최고의 타이밍을 찾아 바짝 해주고 빠지자. 치고 빠지는 거다. 무조건 길게 많이 한다고 좋은 건 아니다. 아이 집중력이 저하된 것 같으면 꼭 1시간이 아니어도 일단 빠지고 다시 치고 들어갈 기회를 엿보자.

아이 마음을 사로잡고
꾸준히 하게 하는 엄마의 말 사용법

아이 마음을 사로잡을 '사랑의 언어'를 알아둔다면 엄마표 영어에 도움이 될 뿐아니라 부모와 자녀의 소통에 엄청난 도움이 될 거라 확신한다. 아무리 좋은 말도 아이가 받아들일 마음 상태가 아니면 소용이 없는데, 사랑의 언어로 아이의 마음을 열 수 있다. 아이의 마음이 열린 상태라 엄마 말이 먹힌다고 표현하면 쉽게 이해될 것 같다. 내 아이의 사랑의 언어를 알고 그에 맞게 행동해 아이 안에 들어 있는 '사랑의 탱크'가 꽉꽉 채워지면 엄마 말이 먹히는 마음 상태가 되는 것이다.

　모든 사람의 마음속에는 사랑의 탱크가 있다. 이 사랑의 탱크는 늘 꽉 차 있는 것이 아니라 그 양이 항상 변한다. 바로 이 사실을 알고 있는 것이 중요하다.

사랑의 탱크를 채울 수 있는 방법은 아이마다 다르다. 바로 이것이 '내 아이의 사랑의 언어'를 알아야 하는 이유다. 이 탱크를 채우는 연료가 바로 '사랑의 언어'이기 때문이다. 사랑의 언어는 크게 다섯 가지로 분류할 수 있다.

1. 스킨십
2. 인정하는 말
3. 함께하는 시간
4. 선물
5. 봉사

─✦ 상대방의 사랑의 언어로 소통하라 ✦─

다음은 한 어머니와 아들의 인터뷰다.

"전 어머니께 사랑받은 적이 없어요."

"전 아들을 너무 사랑해요. 평생 아들을 위해 살았어요."

도대체 이게 뭔 소린가? 어머니는 아들을 위해 매일 늦게까지 일했다. 그 돈으로 좋은 학원도 보내주고 남들보다 잘 입히고 잘 먹이려고 애쓰면서 살았다. 그런데 정작 그 아들은 사랑받은 적이 없다고 한다. 이런 상황이 발생한 이유는 서로의 사랑의 언어를 몰랐기 때문이다.

어머니의 사랑의 언어는 '봉사'였다. 자신의 몸을 희생하는 방식으로 아들에게 사랑을 표현한 것이다. 그러나 아들의 사랑의 언어는 '스킨십'이었다. 엄마가 토닥토닥 등만 두드려줬어도 사랑받은 적이 없다는 말은 하지 않았을 것이다. 어머니의 체온을 느끼면 채워졌을 사랑의 탱크가 텅텅 비었던 것이다. 이 얼마나 안타까운 상황인가.

엄마의 사랑의 언어가 '봉사'더라도 아이의 사랑의 언어인 '스킨십'으로 표현해줘야 사랑의 탱크가 채워진다. 엄마가 아들을 사랑하지 않았다는 말이 아니다. 아들이 어머니의 사랑을 느끼지 못했다는 말이다. 사랑의 언어는 그것을 받는 상대의 언어로 해줘야 효과가 있다.

요즘 첫째 예준이의 사랑의 탱크가 바닥을 치달아가고 있는 듯하다. 첫째아이의 사랑의 언어는 '함께하는 시간'인데 내가 글을 쓴다고 매일같이 독서실에 가 있으니 바닥일 수밖에…. 특히 밤에 같이 누워서 수다를 떨다가 잠이 드는 것을 최고로 좋아하는 아이이기 때문에 요즘같이 함께하는 시간이 적을 때는 유난히 짜증도 많이 내고 엄마 말도 잘 듣지 않는다. 탱크가 비워진 만큼 마음의 여유도 없고, 마음이 닫혀 있어 소통이 어려워진다.

둘째 민준이의 사랑의 탱크는 '선물'을 줬을 때 채워진다. 어찌 보면 가장 쉬운 사랑의 언어일지도 모르겠다. 둘째아이는 선물을 아끼는 것은 물론이고 포장지까지 아낀다. 선물의 크기나 가격보다는 선물 그 자체에 의미를 두는 것이다.

물론 어떤 때는 '인정하는 말'이 사랑의 언어인 것 같을 때도 있긴 하다. 멋지다고 말해주면 기분이 좋아져서 엄마말 잘 듣는 아들이 되기 때문이다. 하지만 비중으로 봤을 때 아이의 첫 번째 사랑 언어는 '선물'인 것이 확실하다. 선물을 받을 거라 기대할 때, 선물을 받을 때, 선물을 받고 난 뒤에 그 어느 때보다 기분이 최상이다. 이렇게 같은 뱃속에서 태어났어도 아이마다 사랑의 언어가 다르다.

엄마인 나의 사랑의 언어는 '인정하는 말'이다. "역시~ 엄마야~", "감사합니다~", "휴~, 엄마 없었으면 큰일 날 뻔했다" 등의 말을 들었을 때 사랑의 탱크가 채워진다. 엄마의 존재나 수고를 당연히 여기지 않고 인정해주는 표현을 되돌려주었을 때 마음이 충만해진다.

하지만 엄마인 나의 사랑의 언어가 '인정하는 말'이라고 해서 예준이와 민준이도 같은 방식으로 사랑의 탱크가 채워질 거라 생각하진 않는다. 내 사랑의 언어로 아이들에게 말하는 것이 아닌 아이들 각자의 사랑의 언어로 말해야 사랑의 탱크가 채워진다는 것을 알고 있기 때문이다.

위의 인터뷰와 같은 일이 없으려면 우선 내 아이의 일순위 사랑의 언어부터 채워주는 것이 급선무일 것이다. 부모가 자녀를 사랑하는 것은 너무도 당연한데 자녀는 그것을 느끼지 못하고 마음이 뻥 뚫린 것 같다면 얼마나 가슴 아픈 일인가. 사랑의 언어를 파악하고 내 아이가 느낄 수 있는 언어로 사랑을 전해야 한다. 내 언어, 내 방식이 아니라 아이에게 맞는 방식으로 전달하려는 노력이 필요하다.

→ 아이의 일순위 사랑의 언어로 전하라 ←

일순위 사랑의 언어가 스킨십이라면 안아주고 뽀뽀해주고 토닥여주자. 쎄쎄쎄 같은 신체접촉이 많은 놀이를 해주면 좋다. 아무리 밥해주고 빨래해주고 선물을 줘도 스킨십이 없다면 이 아이의 사랑의 탱크는 충분히 채워지지 않을 것이다. 자꾸 엄마 몸에 치근대는 아이라면 귀찮아하지 말고 휴대폰 충전하듯이 사랑의 탱크를 충전해주자. 충분히 채워지면 한동안 엄마를 찾지 않을지도 모른다.

일순위 사랑의 언어가 인정하는 말이라면 목소리 크기와 밝기에 따뜻함을 담아 "사랑해"라고 말해주자. 그리고 행동보다 존재를 더 많이 칭찬해주자. "네가 내 딸인 게 너무 좋아", "네가 있어서 살맛이 나" 같은 표현이 이 아이의 사랑의 탱크를 채워줄 것이다. 이 아이들은 다른 아이들보다 명령조 언어나 비난조 언어에 거부감을 많이 느낀다. "쓰레기 좀 버려줄래?", "오늘 네 담당인 건 잊지 않았겠지?"와 같이 부탁조 언어와 상기시켜주는 말을 사용해주자.

일순위 사랑의 언어가 함께하는 시간이라면 가장 어려운 사랑의 언어에 당첨된 것이다. 놀아주는 곳에 데려가주는 것만으로는 부족하다. 놀이터에 놀러나가서 휴대폰만 보고 있다면 함께 시간을 보냈더라도 이 아이의 사랑의 탱크는 채워지지 않는다. 아이에게 집중해서 놀아줘야 함께했다고 느낀다. 부모가 함께 있어주는 것 자체가 선물이 되기 때문에 돈은 많이 들지 않겠지만 시간이 늘 부족한 워킹맘이라면 채워주기 힘들지도 모른다. 하지만 방법이 아예 없는 것은 아니다. 짧은 시간이어도 집중해서 질적으로 채워주면 아이도 엄마가 바쁜 것을 알고 있기 때문에 "너는 나에게 휴대폰보다 회사일보다 중요해"라는 메시지를 충분히 보낼 수 있다.

일순위 사랑의 언어가 선물이라면 자발적으로 기꺼이 알아서 줘야 한다는 것을 기억해야 한다. 무언가를 해서 대가로 받는 느낌의 선물이라면 진정한 선물이 되지 못한다. 선물이 사랑의 언어인 아이의 속마음을 들여다보면 선물 그 자체도 좋지만 상대방이 자기가 좋아하는 선물을 어떻게 알고 준 것인지에 더 행복해한다. 그만큼 자기를 생각해줬다고 생각한다. 다른 사랑의 언어도 마찬가지지만 특히 선물인 경우 간편한 만큼 아이를 엄마 입맛대로 조종할 위험도 크기 때문에 조심해야 하고 남용하지 않도록 주의해야 한다.

일순위 사랑의 언어가 봉사라면 아이가 혼자서는 도저히 할 수 없는 부분을 도와주면서 사랑의 탱크를 채워줄 수 있다. 초등학생 자녀에게 밥을 먹여주는 것은 스스로 할 수 있는 것을 가르치지 않는 직무유기다. 하지만 도움을 요청했는데 도와주지 않는다면 이 아이는 '이럴 거면 나를 왜 낳았나 사랑하지도 않으면서'라고 생각할지도 모른다! 아이가 잘해내고 싶은데 잘 안 되는 게 있다면 가르쳐주고, 숙제할 때 모르는 것은 가르쳐주기도 하고 아플 때 옆에서 돌봐주기도 하면 사랑의 탱크가 차오를 것이다.

⇀ 내 아이의 사랑의 언어는? ↼

내 아이의 일순위 사랑의 언어는 어떻게 알아낼까? 첫째, 아이가 엄마에게 어떻게 표현하는지를 보면 알 수 있다. 사람들은 대부분은 자신이 받고 싶은 방식대로 남에게 표현하기 때문이다. 특히 어린아이일수록 상대 중심으로 생각하지 못한다. 자기중심으로 생각하기 때문에 자기가 받고 싶은 언어로 표현하게 마련이다.

예를 들어 첫째아이는 가끔 나에게 자기가 모은 용돈 중 3,000원을 턱하니 내놓으면서 "엄마~ 커피 사 먹어!"라고 한다. 자기가 선물을 받을 때 느끼는 감정을 엄마도 똑같이 느낄 거라고 생각하기 때문이다. 이때 엄마의 반응이 중요하다. 나는 누워 있다가도 벌떡 일어나서 3,000원을 위로 들고 흔들면서 "오예~! 고마워!"라고 말한다.

포켓몬카드 한 장만 줘도 자기가 좋아하는 캐릭터를 어떻게 알았냐고 엄청 좋아하는 아이이기에 금액보다는 선물을 주고받을 때의 상황에 초점을 맞추면 된다.

둘째, 가장 자주 바라는 게 뭔지, 가장 자주 불평하는 게 뭔지 보면 알 수 있다. 잠들 때까지 책을 읽어달라고 하거나 엄마 옆에서 같이 책보면 안 되냐고 말하면 100% 함께하는 시간이다. "엄마~ 이거 내가 한 거다?"라면서 미술작품을 보여주면 100% 인정하는 말이다. "엄마는 맨날 바빠~"라고 불평한다면 100% 함께하는 시간이다. "엄마는 형아한테만 후드티 사주고!"라고 한다면 100% 선물이다.

셋째, 그냥 둘 중 하나 고르라고 대놓고 물어보자. 아이들이 어릴 때 내가 했던 방법이다. "예준이는 엄마가 요요를 사주는 게 좋아 아니면 같이 보드게임하는 게 좋아?" 갖고 싶은 게 요요라는 것을 알고 있어서 물어본 건데도 예준이는 엄마와 함께하는 시간을 골랐다.

"사과 깎아줄까?(봉사) 쎄쎄쎄 한판 할까?(스킨십)"
"자전거 타이어에 바람 넣어줄까?(봉사) 배드민턴 30분만 칠까?(함께하는 시간)"
"아빠한테 네가 노력해서 100점 받은 거 자랑할까?(인정하는 말) 떡볶이 사줄까?(선물)"

위의 방법으로도 잘 모르겠다면 다섯 가지 사랑의 언어를 한 주에 하나씩 돌아가면서 해보고 반응 있는 것을 찾아내면 된다. 아이들은 "엄마, 나 사랑해?"라고 물어보는 대신 "소꿉놀이 하자(함께할 시간 있어?)"라고 간접적으로 표현하기 때문에 엄마들이 눈치채는 게 어려울지도 모른다. 하지만 내 아이이지 않은가. 더듬어서 생각해보고 관찰해보면 알아낼 수 있다.

내 아이의 사랑의 언어대로 대해주면 아이는 사랑받고 있음을 느낄 수 있다. 사랑의 탱크가 충분히 차 있을 때 엄마의 가르침을 더 잘 따르게 되고 더 귀 기울일 것은 자명하다. 그리고 그렇게 채움 받으며 자란 아이는 다른 사람도 채워줄 줄 알게 된다.

—⫶ 사랑의 언어로 소통할 때 주의할 점 ⫶—

마지막으로 다섯 가지 사랑의 언어를 배우고 익히는 데 있어 주의해야 할 점이 세 가지 있다.

첫째, 아이가 성장하면서 사랑의 탱크 크기도 커진다는 사실이다. 그래서 아이가 자람에 따라 사랑의 탱크를 채워주는 것이 훨씬 더 어렵다. 아이가 커서 부모가 사랑의 언어를 표현했을 때 낯설어하지 않도록 아이가 어릴 때부터 사랑의 언어를 표현해두는 것이 좋다.

둘째, 있는 그대로 아이를 사랑해주고 내 아이에게 맞는 방식으로 표현해줘야 하는 것은 맞지만, 그렇다고 뭐든 다 맞춰주고 허용해주라는 뜻은 아니라는 점이다. 부모와 자녀는 각자의 위치가 있다. 부모의 권위와 자녀로서의 도리 등 그 위치에 걸맞은 질서가 흐트러지지 않는 선에서 사랑의 언어를 표현해야 할 것이다.

셋째, 이번에 내 아이의 사랑의 언어를 알아냈다고 해도 지금의 사랑의 언어가 죽을 때까지 변하지 않는 것은 아니라는 점이다. 아이가 성장하고 생각이나 환경이 변하면 얼마든지 바뀔 수 있는 것이 일순위 사랑의 언어다.

그러니 다섯 가지를 모두 알고 있으면 도움이 될 것이다. 우리가 아이들만 상대하며 살아가지 않기 때문에 이 다섯 가지 사랑의 언어를 모두 다 알아두는 것은 인간관계에도 많은 도움이 될 것이다.

더불어 아이의 사랑의 탱크를 채워주려면 엄마 자신이 어떤 상태일 때 기분이 좋아지고 스트레스도 잘 풀리는지 파악해둘 필요가 있다. 엄마표 영어를 하며 아이의 기분을 헤아리다 보니 엄마인 내 기분을 헤아리는 법부터 선행되어야 한다는 것을 깨닫게 되었고, 그러다 보니 아이가 성장함에 따라 나 자신을 더 돌아보고 성찰해갈 수 있었다. 엄마 자신의 탱크를 신경 쓰는 것이 곧 아이의 탱크를 채우는 방법임을 잊지 말자.

돌고 돌지 말고
주말 1시간 엄마표 영어에 올인

세상에는 보편의 진리, 절대적 진리가 분명히 존재한다. 특히 '사람은 언젠간 죽는다', '높은 곳에서 떨어지면 중력의 힘으로 떨어진다'라는 말처럼 절대 반론을 제기할 수 없는 명제도 있다.

교육에 있어 절대 변하지 않고 중요하게 거론되는 것이 있다. 바로 '책'(언어와 생각의 힘)이다. 또, 아이에게 있어 가장 중요한 사람은 바로 '엄마'(제1양육자)다.

엄마표 영어는 어쩌면 '책과 엄마'라는 두 가지 절대 진리가 합쳐진 최고의 교육법이 아닐까 싶다. 우리가 생각하는 것 이상으로 엄청난 고급 교육법인 것이다. 세월이 갈수록 더욱 반론을 제기하기 힘든 것이 '책과 엄마'다. 유튜브? e북? 방문선생님? 어학연수? 보조적 역할이 될 수 있을지는 몰라도 전체가 될 수는 없다.

빠른 길, 쉬운 길을 찾으면서 돌고 돈 뒤에야, 여러 시행착오를 다 겪어본 뒤에야 엄마표 영어로 돌아오게 되는 일이 없었으면 좋겠다. 모든 것은 어차피 가장 기본이 되는 본질로 돌아오게 되어 있다, 엄마표 영어에 'All IN' 해보길 바란다.

함께할수록 재밌는 그룹미션 따라 해보기

엄마표 영어는 동지가 있을 때 유지될 확률이 높다. 특히 엄마표 영어 초기 땐 동지가 더욱 필요하다. '3-3-3 엄마표 영어'를 함께해볼 그룹을 만들면 좋다. 동지를 만들어서 아래 미션을 함께 수행해보자. 아래는 마음이 맞는 엄마들과 삼삼오오 그룹을 만들 경우 해볼 만한 그룹미션 예시다.

총 8개의 미션으로 한 주에 1개씩 8주 동안 수행해보자. 리더 1명을 정하기보다는 함께하는 구성원이 돌아가면서 리더가 되는 것을 권한다. 리더는 매주 돌아가며 공지를 띄우고 미션 체크를 하면 된다.

그룹이 만들어지지 않을 경우 혼자서 수행해도 무방하나 이왕이면 최소 2명이라도 함께하길 권한다. 자신의 미션을 체크해줄 누군가가 있는 것이 8개의 미션을 모두 성공하기에 효과적이기 때문이다.

MISSION 1	마감일	○월 ○일까지
	미션 체크 담당자	○○○(마감일 다음 날 체크해서 올리기)
	미션 내용	내 아이(엄마)의 1년 후 모습, 3년 후 모습, 5년 후 모습을 상상하여 단톡방에 올려주세요. 영어 관련된 내용 위주로요.
	예	○○책을 스스로 읽고있는 ○○○(아이 이름) ○○DVD 대사를 술술 외우는 ○○○ 영어책 표지만 봐도 장르 구분이 되는 ○○○(엄마 이름)
MISSION 2	마감일	○월 ○일까지
	미션 체크 담당자	○○○(마감일 다음 날 체크해서 올리기)
	미션 내용	도서비 5만 원이 지급된다고 상상하고 아래 링크에 들어가서 장바구니에 5만 원어치 책을 담으세요. 가격은 5만 원 이내여야 해요. 100원이라도 넘지는 않게 담아주세요. 장바구니 캡처해서 올려주세요.
	TIP	1. 아이가 잘보는 한글책을 살펴보고 그 단어를 영어로 검색해보세요. 2. 아이가 최근에 자주 얘기하는 거나 손에 들고 다니는 거나 자꾸 틀어달라고 하는 장면이 뭔지 생각해보고 그것과 관련된 단어를 검색해보세요. 3. 베스트셀러나 인기 캐릭터 책을 참고하세요.
MISSION 3	마감일	○월 ○일까지
	미션 체크 담당자	○○○(마감일 다음 날 체크해서 올리기)
	미션 내용	QR코드 링크의 게시글을 꼼꼼히 읽어보고 책 한 권을 정해 '그림집중듣기'를 한 뒤 그림집중듣기를 한 책 사진 3컷(표지+속지)을 올려주세요.
	참고	그룹 내에 '그림집중듣기' 방법을 모르는 멤버가 있으면 아는 멤버가 알려주면서 함께 궁금증을 해결해 나가는 분위기로 해주세요.

웬디북 –
영어책 전문서점

예시 영상

MISSION 4	마감일	O월O일까지
	미션체크 담당자	OOO(마감일 다음 날 체크해서 올리기)
	미션 내용	영어책 종류 구분 및 실물로 비교해보기 집 근처 도서관이나 서점에 방문하여 영어책 코너에서 그림책, 리더스북, 챕터북, 영어소설(성인실에 있을 수 있음) 1권씩 대여 or 사진 찍어오세요.
	참고	꼭 1권씩이 아니어도 됩니다. 그림책(일반 1권, 칼데콧 1권), 리더스북(쉬운 거 1권, 어려운 거 1권), 챕터북(쉬운 거 1권, 어려운 거 1권) 등 더 세세히 구분해도 됩니다.
MISSION 5	마감일	O월O일까지
	미션체크 담당자	OOO(마감일 다음 날 체크해서 올리기)
	미션 내용	① 내 사랑의 언어, ② 남편의 사랑의 언어, ③ 아이의 사랑의 언어가 뭔지 파악하는 미션이에요. 엄마표 영어는 혼자 영어공부하는 게 아니기 때문에 '관계'에 대한 부분을 꼭 다루고 가야 합니다. 참고 글
	참고	QR코드를 참조해 봉사, 선물, 함께하는 시간, 스킨십, 인정하는 말 등 다섯 가지 사랑의 언어를 알아보세요. 내 아이에게 헛스윙하지 마세요.
MISSION 6	마감일	O월O일까지
	미션체크 담당자	OOO(마감일 다음 날 체크해서 올리기)
	미션 내용	그림집중듣기와 영어 그림책을 추천합니다. QR코드 링크의 게시글을 꼼꼼히 읽어보고 책 한 권을 정해 그림집중듣기를 한 뒤 그림집중듣기를 한 책 사진 3컷(표지+속지)을 올려주세요. 예시 영상
	참고	미션3에 영어 그림책 추천을 추가한 미션이에요. 그림집중듣기를 하다가 발견한 추천할 만한 책을 선정 이유와 함께 남겨주세요.

MISSION 7	마감일	O월O일까지
	미션 체크 담당자	OOO(마감일 다음 날 체크해서 올리기)
	미션 내용	한 주 동안 매일 영어독서를 기록합니다. '독서다이어리' 또는 'PL@Y' 또는 '타임스탬프' 앱을 다운로드하고 한 주간 읽은(읽어준) 영어책을 매일매일 기록으로 남겨보세요. 주 1회 미션과 매일 미션은 큰 차이가 있답니다. 자정 전에 단톡방에 남겨주세요.
	참고	엄마가 읽은 육아서를 함께 기록해두어도 좋아요.
MISSION 8	마감일	O월O일까지
	미션 체크 담당자	OOO(마감일 다음 날 체크해서 올리기)
	미션 내용	한 주 동안 아이와 읽은(읽어준) 책의 북레벨을 적어 올려주세요. 한 주간 읽은(읽어준) 영어책 북레벨을 체크해보세요.
	참고	다음 사이트에서 도서의 북레벨을 확인할 수 있습니다.

북레벨 확인

주말 1시간 엄마표 영어

초판 1쇄 발행 2021년 4월 26일

지은이 이은미
펴낸이 정덕식, 김재현
펴낸곳 (주)센시오

출판등록 2009년 10월 14일 제300-2009-126호
주소 서울특별시 마포구 성암로 189, 1711호
전화 02-734-0981
팩스 02-333-0081
전자우편 sensio0981@gmail.com

기획·편집 이미순, 심보경   **외부편집** 하진수
마케팅 허성권, 이다영   **경영지원** 김미라
본문 디자인 유채민   **표지 디자인** Design IF

ISBN 979-11-6657-014-8 03590

소중한 원고를 기다립니다. sensio0981@gmail.com